Mitteilungen

der Gesellschaft für Erdkunde und Kolonialwesen

[Abteilung Straßburg der Deutschen Kolonialgesellschaft].

Erstes Heft.

Straßburg
Verlag von Karl J. Trübner
1911.

Inhalt.

Geologischer Ausflug nach Spitzbergen, veranstaltet vom XI. Internationalen Geologenkongreß, Stockholm, August 1910.

Von Professor Dr. B. Weigand.

Ein wichtiger Bestandteil der Geologenkongresse sind die damit verknüpften geologischen Ausflüge. Insbesondere ist für die internationalen Veranstaltungen dieser Art die Einrichtung von mehrwöchigen Ausflügen vor Beginn wie auch nach Schluß der Sitzungen üblich geworden, und zwar hat sich, sowohl um die große Zahl der Teilnehmer in leichter unterzubringende und zu leitende Abteilungen zu gliedern, wie um verschiedengestaltigen Wünschen und Neigungen Rechnung zu tragen, das Ansetzen verschiedener gleichzeitiger Ausflüge als vorteilhaft bewährt.

So waren denn auch von dem Stockholmer Ausschuß für die Zeit vor dem Kongreß 8 gleichzeitige Ausflüge geplant und vorbereitet worden, unter denen ein Besuch Spitzbergens durch Länge der dafür bestimmten Zeit, wie der zu durchmessenden Strecke an erster Stelle stand. Führer war Herr Professor Baron G. de Geer aus Stockholm. Die Reise begann in Stockholm am 25. Juli 1910 und endete ebendort am 17. August 1910, ihre Dauer betrug also 23 Tage. Stockholm liegt auf 59° 20′ N. Br., der nördlichste erreichte Punkt in der Dicksonbai auf 78° 47′ N. Br.; der Unterschied von ca. 19½° bedeutet eine um 2165 km nördlichere Lage des letzteren Ortes; natürlich war die wirklich zurückzulegende Strecke bedeutend länger.

Im allgemeinen wird sich das zu einem solchen Kongresse einladende Land auf die auch politisch ihm zugehörigen Gebiete für die Auswahl der zu besuchenden Gegenden beschränken. Wenn von diesem Gebrauche in unserem Einzelfalle abgewichen worden ist, so geschah das im vollen Einverständnisse aller Beteiligten; denn gerade Schweden hat sich durch Einsetzen von

Geld und Menschenleben für die wissenschaftliche Erforschung von Spitzbergen in einer langen Reihe von mühevollen, aber auch erfolggekrönten Forschungsreisen vor allen andern Völkern hervorgetan; ihm ist das in den großen Zügen nunmehr bekannte geographische wie geologische Bild dieser merkwürdigen Inselgruppe weitaus in erster Linie zu verdanken.

Ein Blick auf die Kartenskizzen, die ein Aufsatz von Nathorst: „Historical sketch“ der Abhandlung: Swedish Explorations in Spitzbergen 1758—1908 (aus Ymer 1909) enthält, zeigt den gewaltigen Fortschritt, den die Karte von Dunér und Nordenskiöld 1865 gegenüber der englischen Admiralitätskarte von 1860 aufweist, und diese neue Darstellung, die erste im großen richtige, ist durch die schwedischen Expeditionen von 1861 und 1864 möglich geworden. Insbesondere hat A. E. Nordenskiöld, der schon 1858 an der von Torell unternommenen Forschungsreise teilgenommen hatte, seine ganze Tatkraft für die Erforschung der Inseln eingesetzt und nach erfolgreicher Durchführung der eben aufgezählten eine vierte Reise 1868 zustande gebracht; 1872—1873 hat er sodann eine Überwinterung planvoll vorbereitet und glücklich durchgeführt, nebenbei bemerkt, eine Tat, die für die gelungenen ähnlichen Unternehmen der letzten Jahrzehnte im Nordpolar- wie im Südpolargebiete vorbildlich geworden ist, nachdem gerade Spitzbergen soviele zur Überwinterung durch die Ungunst der Witterungsverhältnisse verurteilte Schiffsmannschaften hatte zugrunde gehen sehen.

Sind doch noch im selben Winter auf 1873 die 17 Norweger, die auf Kap Thordsen das ganz ungewöhnliche Glück guter Winterhäuser und eines Überflusses an Nahrung antrafen, trotzdem an Skorbut elend zugrunde gegangen. Nordenskiöld hat durch die Tat gezeigt, wie man die dort oben drohende Gefahr bekämpft. In Nordenskiölds Fußstapfen traten insbesondere Nathorst (1870, 1882, 1898) und De Geer (1882, 1896, 1899, 1901, 1908), neben ihnen eine stattliche Reihe schwedischer Gelehrter, besonders Geologen, Botaniker, Zoologen, (in dem Nathorstschen Verzeichnis sind 71 namentlich aufgeführt). Auch an den im Jahre 1882—1883 von den Kulturnationen rings um den Pol ausgeführten meteorologischen Beobachtungen beteiligte sich Schweden durch eine Station auf Spitzbergen.

Der Nathorstsche oben angeführte Aufsatz verzeichnet im ganzen 24 schwedische Forschungsreisen im Zeitraume 1837—1908, die zur Erforschung Spitzbergens und der benachbarten Inseln ausgesandt wurden. So kann die Inselgruppe füglich eine wissenschaftliche Eroberung Schwedens genannt werden. Die Beiträge der andern Völker zur Erforschung Spitzbergens, der Deutschen, Engländer, Franzosen, Holländer, Norweger, Österreicher, Russen, des Fürsten von Monaco treten dagegen weit zurück, so wertvoll auch die Leistungen der einzelnen sein mögen.

Die Teilnehmer an dem hier zu schildernden Ausfluge erhielten zwei wertvolle Werke über Spitzbergen mit auf den Weg: A. G. Nathorst, Beiträge zur Geologie der Bäreninsel, Spitzbergens und des Königkarlslandes, Uppsala 1910, Sonderdruck aus Bull. of the Geol. Instit. of Upsala, Vol. X, 160 Seiten Text mit geol. Karte in 1 : 2 000 000 und 97 Textkarten und -Figuren und G. de Geer: A geological excursion to Central Spitzbergen, Stockholm 1910, mit 23 Seiten Text, 9 Karten und 12 Tafeln mit Abbildungen; unter den Karten die geologische Karte der Umgebung des Eisfjordes in 1 : 200 000 und Kärtchen von 5 Gletschern in 1 : 50 000, nämlich des Von Post-, Nordenskiöld-, Sefström-, Wahlenberg- und Goësgletschers.

Das letztere Heft behandelt eingehend die Beschaffenheit und die Veränderungen der abgebildeten Gletscher, während das Nathorstsche Werk ohne Übertreibung als eine Geologie der Inselgruppe bezeichnet werden darf.

Außerdem war in Stockholm selbst eine unerwartet reiche Sammlung von Gesteinen und Versteinerungen der Polarländer eigens für die Kongreßbesucher zusammengebracht und sehr übersichtlich aufgestellt worden; sie wurde am 20. Juli eröffnet und bot den Spitzbergenfahrern eine allen willkommene Gelegenheit, bereits im voraus eine Übersicht über das auf unserem arktischen Ausfluge zu Beobachtende zu gewinnen, die eifrig benutzt wurde; ebenso dankbar wurden die Vorträge aufgenommen, in denen Nathorst und De Geer an der Hand von Karten die Geologie von Spitzbergen im Ausstellungssaale erläuterten.

Am Nachmittage des 25. Juli 1910 setzte sich unser Sonderzug von Stockholm aus in Bewegung. Die bequemen Wagen und der Umstand, daß an Platz für den Einzelnen nicht geknausert worden war, gestalteten die Fahrt sehr angenehm. Unser sprachengewandter Schatzmeister nahm sich in liebenswürdigster Weise als Arzt auch unseres körperlichen Wohlergehens an; die geschickt ausgewählten dienstbaren Geister erfüllten, wo es galt, Steine zu verpacken, Briefmarken zu kaufen, die Postsachen zu befördern und in tausend andern Fällen eifrig unsere Wünsche. Die Teilnehmer boten ein buntes Gemisch von Nationalitäten dar; neben Reichsdeutschen waren Österreicher und Ungarn, neben Engländern aus dem Mutterlande auch Kanadier und Angehörige der Vereinigten Staaten, neben Franzosen Italiener mit von der Partie; ferner waren die Schweiz, Portugal, die Niederlande, Dänemark, Norwegen und Schweden vertreten; auch das ferne Japan hatte zwei Vertreter entsandt. Deutsch, Englisch und Französisch waren naturgemäß die bei allgemeinen Veranstaltungen, besonders bei den geologischen Erläuterungen benutzten Sprachen.

Über die auf den folgenden Seiten geschilderten geologischen Verhältnisse findet man in den oben angeführten Arbeiten von Nathorst und Dè Geer ausführliche Angaben, u. a. Fossillisten und Literatur; es sei auf sie verwiesen.

Die Tiefenkarte zeigt, daß Spitzbergen auf dem Festlandssockel von Europa liegt und daß seine Westküste nahe an dessen Rande ihm gleichgerichtet verläuft, darin den Britischen Inseln vergleichbar. Dem entspricht in geologischer Beziehung sein Reichtum an geologischen Formationen. Ähnlich Großbritannien weist es Bildungen aus den meisten Epochen der Erdgeschichte auf; und es ist keineswegs ausgeschlossen, daß die Reihe der hier vertretenen Zeiten sich bei weiterer Durchforschung noch vervollständigt; — hoffen doch einige Teilnehmer an unserer Exkursion, durch ihre Funde zu einer solchen Vervollständigung beigetragen zu haben. Durch diese Mannigfaltigkeit: Archaïcum, Silur, Devon, Karbon, Perm, Trias, Jura, Kreide (?), Tertiär, Quartär — zeigt Spitzbergen ein völlig anderes geologisches Bild, als Schweden (außer Schonen), das auf archäischer Grundlage nur Fetzen einer Decke von Silur, Devon (?) und Quartär trägt und nach Ansicht der schwedischen Geologen auch nie etwas anderes getragen hat; dort also der ewig wechselnde Rand eines Festlandes, auf dem zu allen Zeiten Bildungen des Meeres und der Küstenstriche zur Ablagerung gelangten —, hier das fast stets Festland gewesene Innere des Kontinents, der lange geologische Zeiträume hindurch der Abtragung preisgegeben gewesen ist.

Diesen Gegensatz brachte die — im Verzeichnisse der vorgeschlagenen und vorbereiteten geologischen Ausflüge als A. 1 bezeichnete — Exkursion nach Spitzbergen vorzüglich zur Anschauung, da sie vom Sammelpunkte Stockholm aus zunächst über den größten Teil von Schweden in seiner Längsausdehnung bis zur Station Riksgränsen, unter 68° N. Br. führte, also 9 Breitegrade durchquerte und dabei 1580 km zurücklegte. Auf dieser langen Fahrt bot sich in großartiger Eintönigkeit stets das gleiche Bild einer flachen Landschaft, deren felsiger Boden die Gestalt von niedern Rundhöckern mit geglätteter Oberfläche besitzt und aus einer Decke von Feld, Wiese, Sumpf, See, Wald immer wieder auftauchte, mit dem bezeichnenden Gefüge der krystallinen Silikatgesteine, des archäischen Baumaterials der Erdkruste. Die gelegentlich durch den Bahnbau angeschnittene Decke zeigte im allgemeinen die Moränenstruktur und erwies sich damit als Gebilde der jüngsten Vergangenheit.

Welche bedeutende Mächtigkeit diese spät- und postglazialen Bildungen aufweisen können, sahen wir beim Besuche des 1796 leer gelaufenen Seebeckens von Ragunda. Hier sind die einst am Grunde im Seebecken befindlichen Absätze 1) eines spätglazialen Fjords (Senkungsperiode), 2) eines spätglazialen Eisstausees, 3) des Sees nach Verschwinden des Inlandeis-Randes aus dem Einzugsgebiete des Sees — beim Leerlaufen des letzteren durch einen Bach zerschnitten worden und so der Untersuchung zugänglich bloßgelegt. An 7000 durch Farbenwechsel unterschiedene Schichten vermochte De Geer teils zu zählen, teils zu schätzen; er erklärt sie für Absätze je eines Jahres und gelangt somit zur Bestimmung der Zeit, die seit dem Rückzug des letzten Inlandeises bis auf den heutigen Tag verflossen ist. So mögen zahllose der einst vorhandenen Talfurchen ganz oder zum Teil von jungdiluvialen und rezenten Bildungen ausgefüllt sein, während andere, gleichfalls in unzählbarer Menge vorhanden, noch heute einen Wasserspiegel aufweisen und damit den Eindruck des Ebenen verstärken helfen, den wir beim Durchfahren der schwedischen Landschaften erhielten.

Fern im Westen zeigten sich gelegentlich die Schneegipfel der Wasserscheide, des Grenzgebirges zwischen Schweden und Norwegen; aber selbst beim Anstiege der Bahn gegen Westen, zu den Magnetitbergen Kirunavaara und Luossovaara blieb das Aussehen des Landes im ganzen das gleiche der flachen Rundhöckerlandschaft mit Sumpf und See, während der Wald allmählich bis auf die Kümmerformen der Zwergbirke und der Polarweiden verschwunden war.

Die Besichtigung der berühmten Eisenerzlager bei Kiruna und der Erz-Gewinnung, wie nach Ankunft im norwegischen Hafen Narvik der Besuch der gewaltigen dort aufgeführten Anlagen zum Lagern und zum Verladen der Erze, bildete einen der Glanzpunkte der Reise. In 10 Minuten wurden vor unsern Augen 875 Tonnen Erz mittels elektrischer Verladevorrichtung in einen Erztransportdampfer verladen, sodaß er seine Volladung von 7000 Tonnen in wenigen Stunden zu fassen vermag. Landwirtschaftlich gehört die Eisenbahnstrecke von Kiruna bis Narvik zu dem Großartigsten, was man von einem Eisenbahnzuge aus sehen kann: zuerst fährt man am 71 km langen See Torneträsk mit seinen malerischen Felsbergen und Uferterrassen entlang, dann senkt sich jenseits der Grenze die Bahn am linken Steilufer das Rombaks-Fjords von 520 m Höhe bis nahe zum Meeresspiegel herab mit stets freiem Blick auf den Fjord und die Bergriesen seines andern Ufers. Zugleich besitzt diese Bahnstrecke, die Ofotenbahn, eine gewisse Merkwürdigkeit durch ihre geographische Lage, da sie, von Kiruna ab jenseits des 68. Grades nördlicher Breite verlaufend, bis jetzt die nördlichste Eisenbahn der ganzen Erde ist; auch stellt sie augenblicklich der Technik eine großartige Aufgabe durch den nahe vor der Ausführung stehenden Plan, sie in ihrer ganzen Länge von Luleå bis Narvik elektrisch zu betreiben. Wasserkräfte sind ja dort oben in reichster Fülle zu haben, ausersehen ist der Porjusfall oder Porjusfoß des Lule-Elf. Am 29. Juli 1910 fuhren wir in unserm Expeditionsschiff Aeolus von Narvik ab.

Der Aeolus, ein Dampfer von 900 Tonnen, 4 m Tiefgang und circa 60 m Länge dient gewöhnlich der Fahrgastbeförderung der Gesellschaft Svea zwischen Stockholm und Kopenhagen. Für 50 Fahrgäste bestimmt, war er für die 60 betragende Höchstzahl zugelassener Spitzbergengäste etwas knapp im Raum und wurde dies noch mehr dadurch, daß der Filchnerschen Vorexpedition die Überfahrt nach Spitzbergen auf unserem Schiffe gestattet wurde. In Tromsö vermehrte sich die Anzahl um noch zwei weitere Mitglieder desselben Unternehmens, die mit dem „Blücher“ nach Spitzbergen vorausgefahren waren, aber nicht in den Eisfjord hineingekonnt hatten und uns nun nach Tromsö die unwillkommene Kunde von den ungewöhnlich schlechten Eisverhältnissen brachten. Nachdem diese Vorexpedition der Südpolforscher am Von Post-Gletscher unser Schiff verlassen hatte, war daher dem Raummangel in etwas abgeholfen. Immerhin konnte die Speisung so vieler Menschen wegen des kleinen Speisesaales nur in zwei Abteilungen vor sich gehen, was mehrfach die für die Ausflüge verfügbare Zeit erheblich verkürzte. Dem gegenüber hatten aber die in mäßigen Grenzen gehaltenen Ausmessungen unseres Dampfers den großen Vorteil, daß er in den an Untiefen reichen Gewässern des Eisfjords tiefer in die einzelnen Buchten eindringen und sich dem Ufer mehr nähern konnte, als dies einem größeren Schiffe möglich gewesen wäre. Denn nur an einer Stelle, nämlich bei der amerikanischen Kohlengrube in der Adventbai, befand sich eine Landungsbrücke; sonst mußte überall ausgebootet werden, was bei weiter Entfernung von der Küste viele Zeit in Anspruch nimmt, zumal es in mehreren Abteilungen vorgenommen werden mußte. Von großem Nutzen zeigte sich dabei das Motorboot, indem es die Ruderboote ins Schlepptau nahm, sodaß die ganze Gesellschaft in zwei Malen vom Schiffe zum Ufer, oder umgekehrt, befördert wurde.

Nebel und später in Tromsö bedenkliche Nachrichten über ungünstige Eisverhältnisse verzögerten die Reise; auch zwang uns das in diesem Sommer ungewöhnlich weit aus der Barentsee nach Westen und um die Südspitze von Spitzbergen längs der Westküste nach Norden vorgedrungene Eis nach vergeblichen wiederholten Vorstößen zu weitem Ausbiegen nach Westen, so daß wir erst in den ersten Morgenstunden des 3. August statt programmäßig am Vormittag des 31. Juli im Eisfjord einliefen.

Aber auch diese verlängerte Fahrt bot genug des Sehenswerten. Einmal war die breite Meeresfläche, ein Gegensatz zu südlicheren Strichen, von Tieren belebt; der Eissturmvogel Fulmarus glacialis begegnete unserm Schiffe zum ersten Male bald nach Auslaufen aus den Schären, und nun bildeten einige, oft Dutzende dieser wunderbaren Flieger unsere Begleiter während der ganzen Fahrt bis wieder zur Annäherung an die norwegische Küste.

Wenn das Schiff bei unruhiger See stampfte und schlingerte, daß wir uns nur mit Mühe auf den Beinen hielten, zogen diese

Vögel ruhig ihre Kreise, bald dem Schiffe weit vorauseilend, bald wieder in senkrechten Bahnen sich im Kielwasser auf die Wasseroberfläche hinabstürzend, um Küchenabfälle zu erbeuten; lagen wir vor Anker, so schwammen sie in Scharen um unseren Dampfer herum und kamen dabei dicht an die Schiffswand, wo um jeden Bissen ein großes Streiten begann. In noch weit größeren Zahlen erschien die Lumme, immer je die Mutter mit dem einzigen Jungen, das etwa halbwüchsig war; sie ließen oft den Dampfer nahe herankommen, um dann entweder unterzutauchen, wobei man sie an der weißen Fleckenreihe auf den Flügeln ziemlich weit ins Wasser hinab mit den Augen verfolgen konnte; oder sie suchten im letzten Augenblick in der Flucht nach seitwärts zu entkommen, wobei sie gewöhnlich mit schnellem Flügelschlage auf der Wasseroberfläche dahin teils flatterten, teils liefen. Stundenlang trafen wir etwa alle 10 m ein solches Pärchen, auch in weiter Entfernung von der Küste. Selten nahmen wir die Dampfwolke oder den dunklen Rücken eines Wales wahr, dagegen brachte das Treibeis zahlreiche Seehunde mit; stellenweise lagen sie zu mehreren auf jeder größeren Scholle, und einige entschlossen sich erst bei größter Annäherung des Schiffes zum Untertauchen. Das Eis selbst bot mit seinen mannigfaltigen Gestalten und Farben, weiß, grün, blau stets neue Bilder und bei Sonnenschein zumal einen wunderbaren Anblick; neben einfachen flachen Tafeln, die in allen Größen bis zum Durchmesser von mehreren hundert Metern vertreten waren, zeigten sich besonders häufig hutpilzförmige Gestalten, an denen sich die Wirkung der Wellen bemerklich machte, oder schiefe Ebenen, wohl durch Aufeinanderschieben von Schollen entstanden. Bald lag das Eis in vereinzelten, weit zerstreuten Stücken, bald schob es sich zu geschlossener Decke zusammen, sodaß das Schiff sich nur mit Mühe einen Weg hindurch bahnen konnte oder gar nach einigen heftigen Stößen genötigt war, auf dem eben zurückgelegten Wege den Schiebungen und Pressungen zu entfliehen. Eine besondere Gunst des Geschickes bescherte uns den so seltenen Anblick der Bäreninsel; dessen Eindruck, bei hellem Schein der Mitternachtssonne und spiegelglatter See noch durch den vorausgehenden wolkendüstern Tag mit starkem Seegang erhöht wurde. Abends 9 Uhr, 20 Stunden nach Verlassen der Schären, lichtete sich im Norden der Himmel; als helles Wölkchen erschien rechts vor uns die Bäreninsel. De Geer benutzte die seltene Gelegenheit und ließ die Insel auf der felsigen östlichen Seite umfahren, während der gewöhnliche Kurs ziemlich weit im Westen des ganz flachen, niedrigen Vorlandes vorbeiführt. Wir glaubten allgemein, in etwa 1 Stunde dort zu sein, aber 4 Stunden Fahrt waren zur Erreichung dieses Zieles nötig, wir verfielen hier, und nicht zum letzten Male, der aus den Polargegenden bekannten Unterschätzung der Entfernungen. Von 1^h bis 2^h fuhren wir ziemlich dicht an der Steilküste vorbei, deren Südteil von ungezählten Scharen von Seevögeln belebt war: auf der Meeresfläche schwammen, durch die Luft flogen dichte Schwärme, die dunklen Felswände, bis 400 m aufragend, waren weißgefleckt von eng zusammengedrängten Tausenden. Da die Steilwände von Pflanzenwuchs fast frei sind, so konnten wir unter Anleitung unserer schwedischen Fachgenossen mit großer Deutlichkeit den Aufbau der Insel erkennen, so die diskordante Auflagerung des devonischen Sandsteins auf den Schiefern der Heklahookformation, am Südfuße des Mount Misery (Nathorst Beitr. z. Geol. d. Bäreninsel usw. Uppsala 1910. Fig. 10.), dessen 3 Gipfel aus Trias bestehen. Das war wie eine Einführung in die Geologie von Spitzbergen.

Als Heklahookformation wird das älteste beobachtete Formationsglied bezeichnet; eine Schichtenreihe von Kalken, Dolomiten, Sandstein und Schiefern, die auch auf Spitzbergen, wo der Name herstammt, in der Faltungszone der Westküste als Tiefstes der Schichtgesteine eine wichtige Rolle spielt, dort von archäischen Gesteinen unterlagert. Die Bäreninsel hat nun in dem Tetradiumkalk der Heklahookformation untersilurische Fossilien geliefert, so daß wenigstens ein Teil dieses Komplexes als Silur erkannt ist. Vor Ablagerung des Devon war dieser Schichtenkomplex bereits gefaltet, aufgerichtet und abradiert. Das Devon legt sich ungefähr horizontal auf und führt Kohlenflöze und Pflanzenabdrücke, an der Nordostküste in der Kohlenbucht zugänglich, und wird als Ursastufe bezeichnet; nach dem Charakter der Flora ist diese Stufe zum Oberdevon zu rechnen und steht in Beziehung zu dem Sandstein des sog. versteinerten Waldes bei Thann im Ober-Elsaß.

Das von der im Südosten der Insel aus dem Meere aufragenden Felsmasse nach Westen und Nordwesten sich erstreckende ganz flache, von zahlreichen Seen bedeckte Land, das sog. Vorland, besteht ebenfalls in seiner östlichen Hälfte aus dem oberdevonischen Sandstein; diesem ist westlich Karbon mit Westfallen aufgelagert, dessen Alter aus der Fossilführung festgestellt werden konnte, der Ambiguakalk; darauf folgen im Hangenden weiter nach Westen zunächst ein gelber lockerer Sandstein, zuletzt Fusulinenkalk. Dagegen enthält der südöstliche, gebirgige Teil der Insel nur noch jüngere Glieder der Karbonformation: B I. Sandstein mit Korallenkalk, „Korallensandstein" und B II. Corakalk. Und zwar lagert B I. im Vogelberge und Hamberg unmittelbar auf Heklahook-Schichten; er wird von Spiriferenkalk c bedeckt. Im Mt Misery dagegen lagert Spiriferenkalk auf Ursasandstein, es muß also im Oberkarbon eine ausgedehnte Denudation die Glieder A, A_1, A_2, B_1 und B_2 entfernt haben, ehe jenes letzte Glied des Karbon zur Ablagerung gelangte, wie auch nach Ablagerung der Schichten A eine solche Denudationsepoche eingetreten sein muß, die diese Schichten teilweise von der Oberfläche der Heklahookformation entfernte und so das Profil des Vogelberges ermöglichte.

Sehr fossilreich ist das jüngste Formationsglied der Bäreninsel, der Myophoriensandstein vom Gipfel Urd, Karnischen Alters, also der Trias angehörig. Es kann kein Zweifel obwalten, daß diese ganze Schichtenreihe auf dem flachen Teile der Insel einst vorhanden war und durch Abrasion entfernt worden ist; es ist sogar wahrscheinlich, daß auch noch jüngere Bildungen, z. B. Jura, einst aufgelagert haben, da sie sowohl südlich (Andö) wie nördlich (Spitzbergen) auftreten. J. G. Andersson, der diese Auffassung vertritt, sucht in den widerstandsfähigen Gesteinen der Heklahookformation die Ursache davon, daß überhaupt noch etwas von jenen weicheren Gebilden übrig ist.

Eine ähnliche Überraschung, wie sie uns der unvermutete Anblick der Bäreninsel geboten, nur weit großartiger und eindrucksvoller, erlebten wir vor Spitzbergen. Nach zweitägigem, wechselvollem Kampfe mit dem Treibeise im Nebel hatten uns Lotungen aus der bis 160 m abnehmenden Tiefe erkennen lassen, daß wir, von Westen kommend, auf dem Festlandsockel angelangt waren; bei weiterer Fahrt nach Nordosten hatte dann die bis 250 m wieder zunehmende Tiefe den Schluß gestattet, daß wir uns über der tiefen Rinne befänden, die, vor der Mündung des Eisfjords nach Westen verlaufend, den Festlandssockel durchfurcht. 4 Stunden lang lagen wir nun von 7^h Abends

des 2. August an im dichten Nebel, den die Sonne eigentümlich durchleuchtete, von vereinzelten Schollen umgeben, umplätschert von zahlreichen Sturmvögeln, und warteten auf das Klarwerden der Luft. Um 10 3/4 Abends verschwand der Nebel in wenigen Minuten völlig, und im vollen Sonnenglanze lag die ganze Westküste von Spitzbergen als langgestreckte Alpenkette in wunderbarer Klarheit vor uns; eine eisgepanzerte Spitze reihte sich an die andere; im Vordergrunde unterschied man die Eingänge in die Fjorde und gewaltige Gletscher, die bis in das Meer reichten; wohl 300 km betrug die Längserstreckung, die das Auge mit einem Blicke umfaßte. Wir erkannten nun auch, daß wir uns gerade vor der Mündung des Eisfjords befanden, aber allerdings etwa 50 Kilometer von ihr entfernt, denn erst um 2 Uhr warfen wir in der Safebai, gleich hinter 3. August.
dem nördlichen Felspfeiler des Einganges, dem Alkhornet, Anker.

Auf dieser Strecke lag das Eis, nunmehr im hellen Glanze der Mitternachtssonne bis an den Horizont sichtbar, bald locker, bald dichter, jedoch nie als Hindernis für die Fahrt, auch kamen kilometerlange Strecken ganz ohne Schollen.

Die Pracht der Farben und Reflexe, die die tiefstehende Sonne auf der nunmehr spiegelglatten, wie Quecksilber glänzenden Wasserfläche, auf den Schneefeldern, an den senkrechten Wänden und in den Höhlungen der Schollen hervorzauberte, läßt sich nicht beschreiben; wunderbare Tinten bot das Kielwasser unseres Schiffes, sowie die beim Fortschwirren der zahllosen Lummenpärchen auftretenden Wellensysteme. Prinz Karls Vorland, an dessen Südspitze unsere Fahrt vorüberführte, zeigte eine stete Veränderung seiner bizarren Felsformen, die, von der Sonne abgewandt, in düstere Farbentöne getaucht, sich finster von dem rotgoldenen Himmel abhoben.

Überraschend war der Gegensatz, den der Anblick des Landes, von der breiten Wasserfläche des Eisfjords aus betrachtet, also im Osten der Küstenkette bot, verglichen mit dem oben geschilderten Bilde, das wir vom offnen Meere aus beobachtet hatten. Letzteres eine unübersehbar mannigfaltige Reihe von Gipfeln mit steilen Flanken, schnee- und eisbedeckt, als sei die ganze Insel ein Alpenland; dagegen zeigte sich diese Bergzone mit Hochgebirgscharakter von der Binnenseite als ein nur schmaler Gürtel längs der Westküste, während sich nach Osten regelmäßige Tafelberge, durch die Erosion aus einem Aufbau nahezu horizontal liegender Schichten herausgearbeitet, aneinander reihten, deren überhöhende Gipfel gleichfalls durch ihren Umriß, die wagerecht um ihre Flanken ziehenden Felszonen, durch sanftere Böschungen unterbrochen, sich als Zeugen einer wenig geneigten Schichtenreihe kennzeichneten.

Die Einfahrt in den Eisfjord zwischen den beiden Eckpfeilern oder Eingangspfosten, dem Alkhornet im Norden und dem Smålandrücken im Süden, bildet demnach einen Querschnitt durch die Küstenkette; und in der Tat lassen die Steilabstürze beider Berge schon vom Schiffe aus deutlich die gestörten Lagerungsverhältnisse, die Aufbiegungen und Faltungen erkennen, denen die Küstenkette ihre Entstehung verdankt. Die Erforschung des Verhaltens dieser dislozierten Massen zu den ungestörten Schichten im Osten bietet eine besonders dankbare Aufgabe für den aufnehmenden Geologen.

Zunächst sahen wir uns in der Safebai, unserem ersten Haltepunkte im Eisfjord, ein wenig um. Früher Safehafen genannt, hat die große Bucht, wie mehrere ihrer Nachbarn, seitens der schwedischen Forscher die zweckentsprechende Umtaufe in ....-Bai erfahren, im übrigen steht ihr Name: „Zufluchtshafen“ mit ihrer Lage als vorderste geschützte Bucht nach dem offenen Meere im Einklange. Ein kurzer Besuch an Land zeigte das Vorhandensein einer Strandterrasse mit Mya truncata, etwa 20 m über dem Wasserspiegel; derartige Terrassen trafen wir wohl überall, wo wir in Spitzbergen an Land gingen: sie wiesen eindringlich auf eine negative Verschiebung der Strandlinie in jüngster Vergangenheit; eine Bewegung, deren gesamtes Ausmaß nach Höhenlage der Terrassen, die wir später in Greenbai beobachten konnten, auf 130 m geschätzt werden muß. Die Molluskenreste, an denen diese Terrassen stellenweise überreich sind, bieten ein besonderes Interesse durch das Vorkommen von Formen, die in der Jetztzeit in den Gewässern des Eisfjords nicht mehr lebend angetroffen werden, sondern erst weit im Süden, an der norwegischen Küste und bei Island, die Nordgrenze ihres Verbreitungsgebietes haben, wie Mytilus edulis. Es drängt sich also die Vermutung auf, daß zur Zeit jenes Tiefstandes des Festlandes von Spitzbergen dort eine höhere Temperatur, zunächst im Meerwasser, geherrscht habe. Den Betrag schätzen die Zoologen auf 2—3 ° C. Aber auch für das Land hat man aus Beobachtungen auf ein damaliges um den gleichen Betrag wärmeres Klima schließen können: es finden sich alte Torfmoore, während jetzt lebende Moore nicht gefunden worden sind; eine Reihe von Pflanzen, wie Empetrum nigrum, fruchten nicht, und man betrachtet sie als Reste aus einer Zeit, in der das Klima ihnen die volle Entwickelung gestattete. Da man anderseits Anzeichen dafür hat, daß zur Eiszeit einst ganz Spitzbergen vom Eise bedeckt, also für Pflanzenleben gar kein Platz war, so bleibt nur der Schluß, daß nach der Haupteiszeit eine Klimaverbesserung Platz griff, die über die jetzt dort herrschende Temperatur noch um einige Grade hinausging, daß also seitdem ein Sinken der Temperatur stattgefunden hat.

Im Laufe des Vormittags fuhren wir im Bogen in den innersten Teil der Safebai, um den mächtigen Kjerulfgletscher näher in Augenschein zu nehmen, der hier, ein Abfluß des Inlandeises, das den Nordwesten von Spitzbergen bedeckt, mit breiter Stirn sich in das Wasser vorschiebt; die Bucht ist etwa 1½ km breit und bildet einen etwa ebenso tiefen Einschnitt in dem Eisstrom, der also von drei Seiten uns umgibt; er stürzt mit senkrechten Wänden, die stellenweise wohl 30 m hoch aus dem Wasser aufragen, in die Tiefe. Ein unübersehbares Gewirr von Spalten, Schluchten, Höhlen löst vielfach die Eismasse in Pfeiler, Säulen, Pyramiden auf, die in allen Farbentönen vom leuchtenden Weiß zum tiefsten Blau oder Grün prangen. Der Gefahr wegen, die mit dem Abbruch größerer Eismassen, dem Kalben, verbunden ist, hält sich das Schiff in achtungsvoller Entfernung; immerhin konnten wir Tausende von Möven, Eistauchern und andern arktischen Wasservögeln beobachten, die zusammen mit Seehunden die Wasserfläche dicht vor dem Fuße der Eiswand belebten. Hier vor dem Steilrande der Eismasse ist jedenfalls ein Sammelpunkt der Fische und anderer Seetiere, wie dies auch an den übrigen Gletschern zu beobachten war.

Wir querten nunmehr die blaue Fläche des Eisfjord, die nur vereinzelte Schollen trug, in südöstlicher Richtung nach der Colesbai hinüber, fuhren aber an deren Mündung vorüber und längs des Ufers zur Adventbai, in die wir einliefen. Bei dieser Fahrt fiel mir der außerordentliche Gegensatz auf, den die beiden Ränder des Eisfjord aufweisen. Die Nordküste starrt von Eis; nur durch schmale Rippen von Gestein getrennt, ergießen sich

Gletscher an Gletscher mit breiter Stirn in das Meer, unter denen sich der erstbesuchte Kjerulfgletscher als einer der kleineren erweist; ihre Firngebiete bilden anscheinend eine einzige riesige Inlandeismasse, aus der nur wenige Felsspitzen aufragen; gleich der Nachbar des Kjerulf, der Esmarkgletscher, tritt mit 2 km breiter Stirn in die der Safebai benachbarte Ymerbai; die an ihrem Fuße vereinigten Nansen- und Boregletscher mit 7 km Stirn in die Tundrabai, ebenso mit 9 km Wahlenberg- und Sveagletscher in die Yoldiabai und in weiter Ferne der Sefströmgletscher mit 6 km Breite in die Ekmanbai. Dagegen liegt das ganze Südufer in einer Länge von über 50 km, von Kap Fästningen bis Kap Delta ohne einen einzigen Eisstrom, ja ohne zusammenhängende Schneeflächen vor uns; nur ganz vereinzelt erblicken wir in großer Höhe kleine Schneeflecken, und selbst auf der Höhe des Tafellandes, etwa 600 m über dem Wasserspiegel kann man eine zusammenhängende Schneedecke nur ahnen, während allerdings die darüber emporragenden Zeugenberge, wie der Nordenskiöldberg und der Lindströmberg, auf die wir zufuhren, größere Schneebedeckung trugen. Die Steilwände prangten dagegen an vielen Stellen, nur von nackten Felsabstürzen unterbrochen, in lebhaften grünen Tönen, stellenweise hell gelbgrün, dann wieder braungrün. Eine dichte Moosdecke erstreckt sich über weite Flächen; die meist rasig auftretenden Phanerogamen, besonders der gelbe Mohn, Papaver nuedicaule, Steinbrecharten, Hahnenfuß, Nelkengewächse (Silene acaulis, Cerastium) und Kreuzblütler (Draba, Cochlearia) bilden wahre Blumenbeete, deren Lücken durch dichte Rasen der Polarweide, der Andromeda tetragona und der Dryas octopetala ausgefüllt werden.

Zwischen Colesbai und Adventbai konnten wir eine mächtige Steinlawine von den Felswänden abstürzen sehen, deren Donner eine dichte Wolke der dort in langen Reihen auf den Schichtbändern sitzenden Seevögel aufscheuchte, besser als dies die Dampfpfeife vermocht hatte.

Vom offnen Meere aus folgen aufeinander, in das Südufer des Eisfjord eingeschnitten, 3 Buchten: Greenbai, Colesbai, Adventbai, bevor der Fjord sich in den nördlichen und östlichen Arm teilt, und die von Südwest nach Nordost sich erstreckende Küste beim Deltakap nach Osten und weiterhin beim Diabaskap nach Südosten umbiegt.

Die ganze Küste zwischen Greenbai und Adventbai stellt in ihrer Ausdehnung von 40 km einen quer zum Streichen stehenden Durchschnitt der Tertiärschichten Spitzbergens dar, die im allgemeinen sanft nach Westen fallen, so daß nur im Osten, in der Nähe der Adventbai, die darunter liegenden Juraschichten erscheinen; diese heben sich nach Osten ziemlich schnell heraus, so daß auf dem Ostufer der Adventbai das Tertiär nur noch die der Hochfläche aufsitzenden Zeugen, wie den Adventberg, zusammensetzt. Beide Formationen enthalten Kohlenflöze; das tertiäre, in ziemlicher Höhe über dem Westufer, wird zur Zeit von einer amerikanisch-norwegischen Gesellschaft abgebaut, während das jurassische des Ostufers eine Zeitlang von einer englischen Gesellschaft ausgebeutet wurde; der Abbau ist indes wieder aufgegeben. Auf einer Wanderung von der Amerikanischen Mine aus zum Besuche des Fundpunktes tertiärer Pflanzenversteinerungen gelangten wir, zunächst in einem Tale, das ein Gletscherbach in zahlreichen wechselnden Verzweigungen auf breiter Geröllfläche durchströmte, nach Westen aufwärts gehend, an den Fuß des talabschließenden Gletschers; hier wandten wir uns nach Norden, kletterten über ein Blockmeer eckiger Sandsteinklötze in engem Seitentälchen die nördliche Talwand hinauf und erreichten bei etwa 600 m die Hochfläche; auch diese war, wie unser ganzer Weg hierher, fast schneefrei und dehnte sich tischeben nach Osten und Norden bis zum Absturz in die Adventbai und den Eisfjord aus; nur im Westen, also links von uns, erhob sich, in ein einförmiges Schneegewand gehüllt und einen kleinen Gletscher zu uns herabsendend, die Pyramide des Nordenskiöldberges, nach der de Geerschen Karte bis auf 1055 m. Nach Süden reihten sich, soweit der Blick reichte, ähnliche Tafeln von etwa gleicher Höhe aneinander, mit gelegentlichen kleinen Gletschern in den oberen Teilen der Talfurchen, aber mit geringen, vielfach unterbrochenen Schneefeldern. Nach einem Inlandeise schauten wir uns hier vergebens um, zur Erklärung mag dienen, daß die Niederschläge auf Spitzbergen sehr gering sind, nur 160 mm im Jahre, so daß die sommerliche Bestrahlung ausreicht, die Schneedecke zu entfernen. Nach Osten zu lag der Schnee in größerer Ausdehnung; nach Norden zeigte sich dagegen jenseits der blauen Fläche des Eisfjords die Inlandeisdecke mit den oben genannten Abflüssen, den Eisströmen der Green-, Ymer- und Tundrabai. — In dem großartigen Rundblick, den wir von dieser Höhe aus genossen, trat mit verstärkter Entschiedenheit der bereits früher beobachtete gewaltige Gegensatz zwischen der Eis- und Schneedecke des Nordlandes und der aperen Südküste des Eisfjords hervor.

Die Wanderung führte hauptsächlich durch tertiäre Schichten, insbesondere einen hellen, grünlichen bis gelblichen Sandstein, der am Rande der Hochfläche und auf dieser selbst stellenweise ungemein reich an fossilen Pflanzenresten [„man watet sozusagen in Versteinerungen" Nathorst S. 382] war, auch Kohlenflözchen enthielt. Besonders auffällig waren in dem jetzt völlig baumlosen Lande die Abdrücke großer Laubblätter, von Nathorst als Ulmus, Populus, Alnus, Catalpa usw. bestimmt. Es sind dies die obersten bekannten Tertiärschichten Spitzbergens. Die berühmte von Heer bereits von 1866 an beschriebene Flora entstammt dagegen der Basis der Tertiärschichten, gehört also einem bedeutend tieferen geologischen Horizont an, da die Mächtigkeit des Tertiärs, der ganzen Folge von Schiefern und Sandsteinen, auf etwa 1200 m geschätzt wird; immerhin scheint nach den vorliegenden Angaben der Unterschied beider Floren nicht groß genug zu sein, um sie in verschiedene geologische Epochen zu verweisen. Nach schlecht erhaltenen Steinkernen von Mollusken vermutet Fuchs ein miocänes Alter. Diese marinen Tierreste lassen Nathorst annehmen, daß auf limnische Verhältnisse, die bei Bildung der basalen Kohlenflöze herrschten, der Einbruch des Meeres folgte, das aber seicht blieb (Litoralfauna) und zuletzt wieder zurückwich (oberer Pflanzenhorizont).

Den Rückweg nahmen wir auf der Hochfläche nach Osten, genau in der Richtung auf den, natürlich von hier aus nicht sichtbaren, Ankerplatz unseres Schiffes bei der amerikanischen Kohlengrube. Fast völlig schneefrei, zeigte die Hochfläche teils weite moosbedeckte Strecken, größtenteils aber eine vegetationslose Steinwüste, deren Boden aus scharfkantigen Sandsteintafeln bestand, die, in buntem Durcheinander locker auf einander gepackt, das Wandern ziemlich mühevoll machten. Schwerer zu erklären waren merkwürdige Kreise im Boden, von etwa 2 m Durchmesser, die dadurch zustande kamen, daß längs ihrer Peripherie 1 bis 3 Reihen von Sandsteinplatten, tangential angeordnet, senkrecht im Boden steckten, während die Kreisfläche selbst, etwas aufgewölbt, aus Erde bestand und zum Teil mit Moosen und anderen Pflanzen bedeckt war. Stellenweise vereinzelt, oft zu Hunderten aneinander gedrängt, ließen diese Kreise nur zuerst an künstlichen Ursprung (Zeltplätze?) denken. Doch erschien diese Erklärung nicht haltbar angesichts der großen Zahl und der vielen unregelmäßigen Gebilde, die durch alle Übergänge mit jenen auffällig regelmäßigen verbunden waren. Auch zeigten sich später im Gebiete der Schmelzwasser von Schneefeldern ähnliche, aber allem Anschein nach in Bildung begriffene Gebilde. Daher sind sie wohl auf die vereinte und wechselnde Wirkung von Gefrieren und Auftauen, Vollsaugen des Bodens mit Wasser und Abfließen des Schmelzwassers wie auch des Erdbreies, auf die mit dem Gefrieren verknüpften Volumveränderungen, die bald hierhin, bald dorthin Druck und Schub ausüben, zurückzuführen. Jedenfalls ließen diese Bildungen erkennen, daß hier ganz andere Bedingungen für Veränderungen der Erdoberfläche walten, als die uns aus den gemäßigten Breiten bekannten; und daß es noch vieler Beobachtungen im hohen Norden bedarf, um die große Zahl sich aufdrängender Fragen zu beantworten. Um 12 Uhr nachts kamen die letzten, die Besteiger des Nordenskiöldgipfels, bei schönstem Sonnenschein zurück zum Schiffe.

Am nächsten Tage dampften wir an der Englischen (ver- 4. August.
lassenen) Kohlengrube vorbei aus der Adventbai hinaus und längs der Küste nach Osten. Unser Ziel war die Sassenbai und ihre Verlängerung nach Nordosten, die Tempelbai mit dem Von Postgletscher. Allmählich hoben sich in dem natürlichen Profil, das die Küste darbot, die Juraschichten heraus, und unter ihnen erschien die Trias, in der Diabaslagergänge durch steile, dunkle Felsbänder und am Strande durch Klippen auffielen. Durch die Namen Diabaskap und Triabasberg ist diesem Vorkommen Rechnung getragen. Auch hier waren die Felsbänder von zahllosen Seevögeln, wie Lummen und Möven, besetzt, die, in Reihen dicht gedrängt, mit ihren weißen Bäuchen weiße Striche auf dem schwarzen Hintergrunde erzeugten und den Verlauf der Schichten dadurch hervortreten ließen.

Am Südufer der Sassenbai landeten wir im De Geertal, und sammelten Fossilien in schwarzen, bröckligen Schiefern der Trias, die in festern kalkigen Bänken reich an Ammoniten und Halobien war. Am Strande liegende Gerölle deuteten auf das Karbon, das wenig östlicher längs einer Verwerfung sich heraushebt, so daß der Marmierberg bereits zum großen Teile aus Karbon besteht und nur noch eine Kappe aus Triasgesteinen trägt. Für den Nachmittag waren zwei gleichzeitige Ausflüge geplant. 17 Mitglieder verließen am Kap Bjona, am Fuße des prächtigen Tempelberges, das Schiff, um das Karbon zu untersuchen. Alle übrigen fuhren bis ins innre Ende der Tempelbai und statteten dem Von Post-Gletscher einen 6 stündigen Besuch ab.

Am Kap Bjona liegt eine flache Landzunge vom Meere angeschwemmter Gerölle am Fuße der etwa 500 m hohen Steilwände (sichtbarer Rand 487 m, Hochfläche 570 m) aus Schichten des Karbon. Auffällig tritt besonders in etwa 200 m Höhe eine ca. 20 m mächtige harte Kalkbank hervor, die in nahezu wagerechter Lagerung den Berg mit senkrechtem Absturz umzieht, von zahlreichen Erosionsrinnen durchfurcht und in Pfeiler und Säulen zerschnitten ist; daher der Name Tempelberg; gewaltige Schuttkegel, in Verlängerung jener Rinnen, am Fuße der senkrechten Felszone beginnend, breiten sich bis zum Fuße der ganzen Bergflanke aus und verhüllen großenteils die tieferen Schichten des Anstehenden. Das Ganze erinnert mit den großen Verhältnissen, den wagerechten Schichten, den dadurch bedingten charakteristischen Formen großartiger Erosionswirkung bei zurücktretender Pflanzendecke — an die Wände des Grand Cañon in Arizona, den wir, eine ziemliche Anzahl der auch heute hier versammelten Geologen, 1891 vom V. Kongress in Washington aus besucht hatten.

Würfelförmige Kalksteinblöcke von 2 m Seitenlänge lagen in großer Zahl auf der Strandfläche umher; sie entstammten der Felszone, bestanden fast ganz aus den Resten von großen Brachiopoden, wie Productus und Spirifer, und gestatteten, durch die Frostwirkung zerklüftet, ein bequemes Sammeln. Auch aus dem unter dem Spiriferenkalk anstehenden, durch Gehängeschutt meist verdeckten Cyathophyllumkalk erhielten wir die bezeichnenden Fusulinen, ferner Proben der jenem eingelagerten Gipsbänke in Form eines blendend weißen Alabasters. Diese ganze ca. 480 m hohe Wand besteht aus dem Oberkarbon, zu dem darüber noch die an 200 m mächtige Decke productusführender Kieselgesteine kommt, als Permokarbon bezeichnet; wohl der schönste Aufschluß im Oberkarbon, der überhaupt existiert. Die Beschaffenheit der Gesteine und der Charakter der Fossilien hat zu dem Schlusse geführt, daß hier ein Strand in langsamer Senkung die Ablagerung von Seichtwasserbildungen bis zu obiger Mächtigkeit begünstigte, ähnlich wie zur Triaszeit die bei Zabern 400 m betragende Mächtigkeit des Buntsandsteins der untern Trias.

Der nächste Tag führte uns in die Billenbai, am Tempelberg und Gipsberg vorbei. An letzterem bildet der Gips hoch oben mächtige weiße Wände; daher der Name. Zugleich erkannte man daran, daß wir noch tiefere Schichten erreicht hatten. Wir sollten ja auch an diesem Tage den Kulmsandstein mit Pflanzenresten zu sehen bekommen, und schon lag der Pyramidenberg mit seinem schönen Profil: rechts dunkler Kulmschiefer, darüber gelber, weißer und roter Kulmsandstein, von dem Cyathophyllumkalk überlagert; links und landeinwärts, durch eine prächtig sichtbare Verwerfung getrennt, Devon — vor uns, als das Schiff mitten in der Bai auflief und nun das Ausbooten nach dem nächstliegenden Uferpunkte am Westufer begann. Leider mußten wir uns nach erfolgter Landung überzeugen, daß uns von dem verheißenen Pyramidenberge ein reißender breiter Gebirgsstrom trennte, den nur wenige jüngere Mitglieder durchwateten, um zu den ersehnten Karbonpflanzen zu gelangen. Die große Mehrzahl der Geologen war auf das Studium der auch hier sehr deutlich entwickelten Strandterrasse und der in mächtigen Steilwänden aufstrebenden Cyathophyllumkalke, sowie der unter ihnen am Strande anstehenden Gipse der unteren Gipsstufe angewiesen. Der Cyathophyllumkalk lieferte eine Reihe von Korallen, die aber nur in einzelnen Bänken häufig waren. So waren wir auch an diesem Tage im Oberkarbon tätig. Mit Hilfe des kleinen Seglers „Venus" der diesjährigen schwedischen geologischen Expedition, den wir in der Billenbai angetroffen hatten, besuchten wir dann, während der Aeolus festsaß, den am Ostufer der Bai, dem Pyramidenberg gegenüber gelegenen Nordenskiöldgletscher, der durch eine Schilderung im Band 1909 der Zeitschrift des D. Ö. A. V. weiteren Kreisen bekannt geworden ist. Hier fiel uns am Ufer die mehrere Meter hohe, steil zum Ufer abfallende, kilometerbreite Strandterrasse auf, die stellenweise sehr reich an Resten von Organismen, wie Mytilus edulis, war; mehrere Fixpunkte erinnern hier an die photogrammetrische Überwachung der

5. August.

Veränderungen in der Stirn des gewaltigen Eisstromes; diese periodische Beobachtung erhielt auch in unserm Dabeisein neues Material durch Aufnahmen. Vom Gletscher selbst blieben wir durch ein breites Tal, einen reißenden Bach und steile Abstürze getrennt; seine Flanken fielen mit gewaltigen Moränenwänden zum Ufer des Baches ab; wir wanderten eine Strecke bachaufwärts; dann wurde es Zeit, umzukehren. Um Mitternacht konnte durch die Ferngläser die beruhigende Gewißheit erlangt werden, daß der weit draußen in der Bai liegende Aeolus sich bewegte, also von der Bank, auf der er vormittags aufgelaufen war, wieder frei gekommen war, und somit der Fortsetzung unserer Reise nichts im Wege stand.

Da dieses erfreuliche Ergebnis dadurch erzielt worden war, daß man während unserer Abwesenheit den größten Teil unseres Kohlenvorrats über Bord geworfen hatte, so unterbrach das Schiff zunächst die geplante Untersuchung der übrigen
6. August. Buchten und begab sich nach der Adventbai zurück, um dort einen Vorrat an Spitzbergenkohle einzunehmen. So erhielten die Geologen den nächsten Tag zu freier Verfügung und durchstreiften in kleineren Gesellschaften die Ufer und Umgebung der Adventbai. Drei Mann hoch erstiegen wir nach Überquerung und Durchwatung des schon erwähnten Gletscherbaches die südlich der Bai gelegene Hochfläche, von der in einem Seitentälchen ein kleiner Gletscher herabwinkte; unsere Hoffnung, hier auf Inlandeis zu treffen, oder wenigstens es in einiger Nähe beobachten zu können, war aber trügerisch; die Firnmulde reichte nach oben nur an die Kante der Hochfläche; letztere war in unserer näheren Umgebung völlig schneefrei und fiel so nach NO., O. und SO. in die Täler ab, wo mehrfach ähnliche kleine Hängegletscher zu sehen waren, wie derjenige, den wir eben aufwärts überschritten hatten. Nur im Süden winkte ein langsam ansteigendes Schneefeld, das zugleich in dieser Richtung den Blick begrenzte. Wir beschlossen, auch dieses hinaufzugehen, und hofften so unser Ziel zu erreichen. Aber auch hier trafen wir nach längerem Ansteigen über Schnee und Eis, das von zahllosen gewundenen Wasserfäden durchfurcht war, zuletzt auf dem höchsten Punkte angelangt, schnee- und eisfreien Boden an. Eismassen von irgend beträchtlicher Mächtigkeit waren also auch hier nicht vorhanden. Die Schmelzwasser hatten bei dem geringen Gefälle den Erdboden in einen Brei verwandelt, in

dem die Platten des tertiären Sandsteins mehrfach die auffällige senkrechte Stellung angenommen hatten, die wir vor einigen Tagen auf der gegenüberliegenden Fläche beobachteten.

In dem zum Abstiege benutzten Bachriß bot sich uns ein guter Aufschluß in den schwarzen Tonschiefern dar, die in ca. 90 m Mächtigkeit über den unteren Sandsteinen des Tertiärs lagern, aber leicht zerfallen und daher meist, vom Gehängeschutt des oberen Sandsteins überschottert, sich der Beobachtung entziehen.

Am nächsten Vormittag setzten wir unsere Rundreise durch 7. August.
den Eisfjord fort; Wolkenhimmel, Regenstimmung, ziemlicher Seegang ließen uns für heute statt der Dicksonbai die ruhigere Ekmanbai aufsuchen, die mit jener die Ausläufer der nördlichen Abzweigung des Eisfjords bildet. Hier stößt in der Mitte des Westufers der Sefströmgletscher vor, durch außerordentliche Schwankungen in den letzten 30 Jahren merkwürdig. Vor ihm liegt eine aus Corakalk bestehende Insel, daher Corainsel genannt, $2^1/_2$ km lang, 1 km breit. Im Jahre 1882 befand sich die Mitte der Gletscherstirn 6 km westlich von der Insel entfernt, der Zwischenraum war Meer und wurde von De Geer mit dem Boote befahren, ebenso lag nahe am Westufer die Chertinsel frei im Meere. 1896 hatte sich das Bild völlig geändert: Der ganze Raum bis zur Corainsel war vom Gletscher erfüllt, der diese wie auch die Chertinsel zum Teil bedeckte und dessen Stirn statt 5 km nunmehr 8 km in gerader Richtung oder 15 km längs des Randes gemessen an Ausdehnung besaß; dabei ergab die Beobachtung, daß dies nicht einmal die größte Ausdehnung war, sondern der Gletscher bereits wieder im Zurückweichen begriffen sei. In weniger als 14 Jahren war diese kolossale Eismasse von über 30 Quadratkilometer Fläche und beträchtlicher Dicke in das Meer vorgewandert. 1908 war der auf der Corainsel liegende Teil des Eisfußes von dem übrigen Gletscher abgetrennt, bekam also keinen Zuwachs mehr und mußte allmählich verschwinden. Zwischen gewaltigen Eismauern lief quer über die Riesenzunge eine schmale Durchfahrt im Zickzack. Wir fanden nun, 2 Jahre später, wieder eine gewaltige Veränderung: aus der schmalen Durchfahrt zwischen Gletscherstirn und abgetrenntem Eisfuße, wie ihn unsere Karte verzeichnete (siehe De Geer: A geological excursion to Central-Spitzbergen, Stockholm 1910. XI. Congr. géol. int.) war ein mehrere

Kilometer breiter Sund von beträchtlicher Tiefe geworden. Die Eismasse auf der Corainsel war bis auf geringe Reste abgeschmolzen, und unter ihr war die Grundmoräne zutage getreten: ein rotbrauner Schlamm erfüllt mit zahllosen Molluskenschalen, die häufig gut, mit Farbe, erhalten waren, auch steckten vielfach die Muscheln noch mit beiden Schalen im Schlamm, darunter besonders Mytilus edulis und Pecten islandicus durch Größe auffallend. Die Oberfläche der Bildung war in zackigen Wällen regellos aufgetürmt, zwischen denen sich tiefe Kessel befanden, auf jetzt geschmolzene Eismassen hindeutend. Das Material war also wohl durch den vorrückenden Eisrand vom Boden des Sundes aus vorgeschoben und auf der Insel aufgestaut worden. Merkwürdig war auch hier das zahlreiche Vorkommen ganz frisch aussehender Mytilusschalen, da doch Mytilus edulis jetzt in den Gewässern des Eisfjord nicht mehr lebt; ebenso Pecten islandicus. Nachdem wir auf dem Nordende der Corainsel die Staumörane untersucht hatten, landeten wir noch an der Südspitze, wo die Wogen einen leuchtend weißgelben 2 m hohen Strandwall aufgebaut hatten, der hauptsächlich aus Lithothamnien bestand, zwischen denen die Gastropodenfauna der Gewässer der Ekmanbai bequem gesammelt werden konnte; Hydrobia, Fissurella, Lepeta, Litorina, Trochus, Fusus, Capulus, Natica, Chiton; von Lamellibranchiaten besonders Astarte borealis, Saxicava, Mya, Venus; ferner Echiniden und Foraminiferen.

Wir hatten in sicherer Entfernung vom Gletscher Anker geworfen und konnten in Ruhe sein mächtiges Donnern anhören, das besonders am folgenden Morgen in kurzen Zwischenräumen an unser Ohr drang. Bei herrlichem Wetter unter-
8. August. nahmen wir nun die Fahrt in die östlich gelegene Dicksonbai, zunächst an der Ostküste der Ekmanbai entlang, deren aus Karbon bestehende Steilwand einen ähnlichen großartigen Anblick gewährte, wie die Abstürze des Tempelberges; auch hier zog sich die Mauer des Spiriferenkalks mit schwachem Fall nach Süden, durch zahlreiche Erosionsrinnen in Pfeiler aufgelöst; unter jeder Rinne ein bis zum Meere herabreichender Schuttkegel; das Ganze einem Riesenbauwerk zu vergleichen; das sollen wohl auch die Namen: Kapitol, Kolosseum ausdrücken; dazu kommen hier Decken und Gänge von Diabas. Vor dem Eingang in die Dicksonbai verließen bei Kap Wijk 26 Geologen das Schiff, um die berühmten Fundstellen der Saurier der Spitz-

bergischen Trias am Mittelhoek aufzusuchen. Wir andern fuhren in die von einer Landzunge zur Hälfte geschlossene Bai, vermieden durch vorsichtige Lotungen des vorausgesandten Motorboots die hier drohenden Untiefen und erreichten westlich des Lyktan (Laternenberges) unsern nördlichsten Punkt, 78° 46′. Der Blick auf die beiden Ufer war wieder sehr lehrreich für das Verständnis des Aufbaues der Karbon- — und hier auch der Devonschichten, die wegen der Sandsteinfacies kurz mit dem für die gleichalterige in England auftretende Bildung üblichen Namen als Old Red bezeichnet werden. Entsprechend dem schon mehrfach erwähnten Südfallen hebt sich das Devon beim Befahren der nach Norden ausgedehnten Dicksonbai immer mehr heraus; auf dem Lyktan, wie seinen Nachbarn im Osten und Westen, befindet sich nur mehr ein letzter Rest der Karbondecke, weißgrau mit steiler Böschung, pfeilerartig dem sanfter abfallenden rotbraunen Devon aufgesetzt.

Unterdessen hatten die Triasleute eine reiche Ausbeute, besonders an Ammoniten gemacht; wir fuhren nach Westen weiter zur Stirn der vereinigten Svea- und Wahlenberggletscher; der letztere, mit außerordentlich zerrissener, an ein wild erregtes Meer erinnernder Zunge, hat merkwürdiger Weise gerade in denselben Jahren einen bedeutenden Vorstoß gemacht, während der Sefströmgletscher zurückging; denn 1882 bemerkte De Geer hier keine Einbuchtung zur Küste, damals hatte der Sefströmgletscher ein Minimum. 1896 fand De Geer hier eine tiefe Bucht, die Yoldiabai, während der Sefströmgletscher anscheinend kurze Zeit vorher sein Maximum gehabt hatte und die 1882 vorhandene Bucht ausfüllte. Die Yoldia-Bai ist seitdem von dem Wahlenberg-Gletscher wieder ausgefüllt worden, so daß, wie im Jahre 1882, von ihr nichts wahrzunehmen war, während der Sefströmgletscher in den letzten Jahren dauernd zurückging; der Vorstoß des Wahlenberg beträgt 4—5 km. Auch läßt eine Photographie vom Jahre 1896 die Oberfläche des letzteren Gletschers als ganz eben erkennen, und er wurde in der Tat ohne Bedenken mehrfach überschritten; beim jetzigen Zustande ist ein Queren ganz ausgeschlossen. Der De Geersche Führer gibt diese merkwürdigen Veränderungen sehr deutlich in Photographien wieder.

Vor der ca. 5 km breiten Stirn des Wahlenberg-Gletschers lagen wir ein paar Stunden still und hatten Gelegenheit, das

Kalben zu sehen, die tief hinein führenden Eishöhlen, die so wichtig für die Erklärung der Åsar sind, das Tierleben vor dem Eisfuße; neugierige Seehunde kamen ganz in die Nähe des Schiffes. Dieses setzte seine Reise an dem flachen Vorlande entlang, das im Kap Boheman endet, nach Süden fort und bog dann nach Südwest um zur Greenbai, der grünen Bucht, wie sie passend heißt wegen der sanft geböschten und daher mit einem zusammenhängenden Moosteppich bedeckten Ostküste, die aus Tertiär mit Kohlenflözen besteht; Schnee ist fast gar nicht vorhanden. Hier befinden wir uns auf der Grenze zwischen dem nahezu wagrecht gelagerten östlichen Schichtenkomplex und der Faltenkette der Westküste von Spitzbergen, und die Greenbai folgt dieser Grenze. Dieser steilgestellten Partie galt unser letzter Ausflug.

9. August. Vom Westufer aus stiegen wir aufwärts; die Terrassen waren noch bei 130 m Höhe nachzuweisen, mit den bezeichnenden subfossilen Muscheln. Die Schichten des Jura mit schlechten Pflanzenresten, Pecten, Inoceramus, Cardium, und der Trias, dunkle Schiefer, waren steilgestellt, durch den Bachriß gut aufgeschlossen; die höheren Berge dahinter zeigten ebenso das Perm und Karbon Spiriferenkalk, Cyathophyllumkalk in steiler Stellung. Der Trias war auch hier ein Diabasgang eingelagert und entsprechend steil gestellt, so daß er am Steilhang bis zum Bach hinab, wo er einen Kanjon bildete, und jenseits hinauf verfolgt werden konnte. Leider herrschte oben Nebel, und ein furchtbar eisiger Westwind kam vom Meere her über das Treibeis. Der Jochsee trug eine Eisdecke. Wir überschritten den Bach bei seinem Ausflusse aus diesem See und kehrten auf der Nordseite des Tales, das wir zum Aufstieg benutzt hatten, wieder zum Strande zurück; in wenigen Stunden hatten wir dank der steilen Lagerung nochmals die sämtlichen Formationen durchschritten, deren Studium uns durch eine Woche beschäftigt hatte. Auch hier lagen bei ca. 40 m über dem Wasserspiegel zahlreiche ungewöhnlich große Schalen der Mya als Zeugen des früheren Standes umher. Ein Teil der Mitglieder stattete noch der Walstation einen Besuch ab, an der ein halbes Dutzend getöteter Riesen auf das Abspecken warteten, mit dem man an einem auf schiefer Ebene ans Land gezogenen Tiere gerade beschäftigt war. Die Luft war auf Kilometer weit verpestet; zahllose Fulmarus glacialis bedeckten den Wasserspiegel und stritten um die Abfälle; an

mehreren Stellen des Strandes lagen Walgerippe mit verwesenden Fleisch- und Hautteilen. Ein paar kleine schwarze Fangdampfer waren bereit zur Abfahrt, ein großer Schlepper schien eben mit erbeuteten Walen im Schlepptau angekommen zu sein. Auch die „Venus" hatte sich eingefunden.

Als wir am Abend aus der Greenbai dampften, lagen vor ihrer Mündung riesige Eistafeln, die der Westwind aus dem offenen Meere in den Eisfjord hereingetrieben hatte; schlechte Aussichten für den noch vorgesehenen Besuch des Hornsundes. Tief hängende Wolken verdeckten die höheren Berge des gegenüberliegenden Nordufers; darunter leuchteten die Eisströme des Kjerulf- und des Esmarkgletscher geisterhaft im Glanze der im Nordwesten stehenden Sonne. Aus dem Eisfjord heraus ins offene Meer fahrend, sahen wir das Prinz Karls Vorland schwarz und zackig vor dem rötlich strahlenden Himmel im Norden, den die Mitternachtssonne mit ihrem tiefen Stande so oft und lang andauernd erzeugt.

Am nächsten Morgen mußten wir uns überzeugen, daß 10. August.
der Besuch des Hornsundes endgültig aufgegeben sei. Mehrfach hatten heftige Stöße in der Nacht uns den Kampf mit dem Treibeis verraten, jetzt hatte der Klügere nachgegeben. Das Schiff fuhr in W.N.W. Richtung, um den Rand des von Süden her weit nach Norden getriebenen Eises zu erreichen. Bei ziemlichem Seegange legte nunmehr der Dampfer im Laufe des 10. und 11. die Reise nach Norwegen zurück; die Mitternachtssonne verbarg sich dauernd hinter einer dichten Wolkendecke. Am Morgen des 12. erreichten wir die ersten Küsteninseln, und an Lobben und Skjärvö vorbei durch den Kaagsund den Lynggenfjord. Die Zeit erlaubte noch einen kurzen Abstecher in diesen durch die vielen Hängegletscher der Südküste berühmten Meerbusen; dann wandte sich das Schiff seinem Ziel Drontheim zu. Bei herrlichem Wetter fuhren wir am 12. August durch die von der Ausreise her bekannten Straßen nach Tromsö und weiter nach Süden; wir kamen in der Frühe des 13. August zwischen Festland und Lofoten hindurch, auch jetzt noch vom Wetter auf das Wünschenswerteste begünstigt und im Genusse der großartigen und wechselnden Landschaftsbilder schwelgend. Am nächsten Tage ging die Fahrt durch die niedrigeren, abgeschliffenen Schären hindurch, die die Nähe unseres Reisezieles andeuteten und den vielgewundenen Drontheimfjord hinauf nach der alten Königs-

stadt, wo wir am Mittag des 14. vor Anker gingen. Nun stand nur noch die Eisenbahnfahrt nach Schwedens Hauptstadt bevor, und da wir noch zwei Tage Zeit hatten, konnte auch der letzte Teil unseres Reiseplanes ausgeführt werden: der Besuch der Überschiebungszone an ihrer bestbekannten Stelle, längs der Bahnlinie in Jemtland. Wir bestiegen zu diesem Zwecke den Åreskutan und besuchten am nächsten Tage, den 16. August, das Tal des Ullånbaches, wo Brachiopodenschiefer, Phacopsquarzit und Pantameruskalk des Silur angeschnitten sind, über denen die gewaltige Masse des Åreskutan mit ihren Åreschiefern liegt, Gesteinen, die sehr viel älter sind als ihre jetzige Unterlage. So hatten wir auch in dieses wichtige Problem einen Einblick bekommen; und unser Führer an diesem letzten Tage, Prof. Wiman aus Uppsala, unterließ nicht, uns auf die erratischen Geschiebe der Gegend aufmerksam zu machen, die, wie der Räfsundgranit und Räfsunddiabas, ihren Ursprung nicht im Westen, in der Grenzkette, sondern etwa 100 km im Osten haben. Dadurch ergibt sich, daß zur Zeit ihres Transportes die Eisscheide nicht mit der jetzigen Wasserscheide zusammenfiel, sondern etwa 200 km östlich davon lag. Die Eismassen, gegen die Wasserscheide nach Westen vorrückend, dämmten die ihnen entgegenlaufenden Täler und erzeugten so die gewaltigen Eisstauseeen, deren Terrassen die Wände der obern Talläufe bedecken, und beim Abschmelzen jener östlich gelegenen Eismasse und dem damit verbundenen Tieferlegen der Seespiegel sich in großer Zahl unter einander absetzten.

So erhielt die Exkursion nach Spitzbergen noch einen würdigen Abschluß. Am 17. August trafen wir in Stockholm ein, hochbefriedigt von den großartigen Naturgenüssen und den merkwürdigen geologischen Erlebnissen, voll Dankesgefühlen gegen unsere schwedischen Kollegen für die ausgezeichnete Vorbereitung und Durchführung des Unternehmens.

Jahresbericht

erstattet vom 1. Schriftführer.

---

1. Vorgänge in der Gesellschaft.

Die Gesellschaft für Erdkunde und Kolonialwesen (zugleich Abteilung Straßburg der Deutschen Kolonialgesellschaft) hat im verflossenen Jahr eine recht erfreuliche Entwicklung genommen. Am 1. Januar 1910 betrug die Zahl ihrer Mitglieder 423. Im Laufe des Jahres traten 132 neu hinzu, wogegen 68 durch Tod, Verzug oder aus anderen Gründen ausschieden. Der Mitgliederbestand am 31. Dezember 1910 betrug mithin 487. Von diesen gehören 300 gleichzeitig der Deutschen Kolonialgesellschaft an.

Am 18. Januar fand die Generalversammlung statt. Nach einer Ansprache des 1. Vorsitzenden wurden der Kassenbericht und der Jahresbericht erstattet und dem Schatzmeister Entlastung erteilt. Alsdann wurden die satzungsgemäß ausscheidenden Vorstandsmitglieder wiedergewählt und Herr Bürgermeister Dr. Schwander neu in den Vorstand aufgenommen.

Am 1. April legte Herr Generalleutnant Waenker v. Dankenschweil, Exz., den Vorsitz nieder, und am gleichen Tage trat auch Herr Geheimrat Prof. Dr. Gerland von seinem Amte als zweiter Vorsitzender zurück. Beiden Herren sei auch an dieser Stelle der herzlichste Dank ausgesprochen für die treue Hingebung, mit der sie ihr Amt verwaltet und die Interessen unserer Gesellschaft wahrgenommen haben. Herrn Geheimrat Prof. Dr. Gerland, der seit dem 12. Mai 1897, dem Gründungstag der Gesellschaft für Erdkunde und Kolonialwesen, als 2. Vorsitzender tätig gewesen ist, wurde am 1. Mai von einer Abordnung des Vorstandes eine Adresse überreicht, in der er zum Ehrenvorsitzenden ernannt wurde. An seiner Stelle wurde Herr Prof. Dr. Sapper zum 2. Vorsitzenden gewählt, während erst im November Herr Generalmajor Auler das Amt des ersten Vorsitzenden übernahm.

Unsere Gesellschaft hat sich an dem im Oktober in Berlin abgehaltenen 3. Kolonialkongreß als Mitveranstalterin beteiligt und zu der Hauptversammlung der Deutschen Kolonialgesellschaft, die vom 30. November bis zum 1. Dezember in Elberfeld tagte, einen Vertreter entsandt.

Von den Verhandlungen des Vorstandes, der im Laufe des Jahres zu sieben Sitzungen zusammentrat, ist von allgemeinem Interesse der Beschluß, außer den Vorträgen noch Herrenabende zu veranstalten, an denen über irgend ein geographisches oder koloniales Thema referiert und diskutiert werden soll. Der erste dieser Herrenabende ist für den Februar oder März geplant. Ferner ist eine Anregung hervorzuheben, deren Resultat das vorliegende Heft „Mitteilungen der Gesellschaft für Erdkunde und Kolonialwesen“ ist. Es soll damit der Versuch gemacht werden, den Mitgliedern außer den Vorträgen noch etwas Dauerndes zu bieten: einen kleinen wissenschaftlichen Aufsatz aus dem Gebiete der Erdkunde, kurze Mitteilungen über die Vorgänge in der Gesellschaft, einen Bericht über die gehaltenen Vorträge, einen Kassenbericht und endlich ein Mitgliederverzeichnis. Der Vorstand ist der Ansicht, daß eine solche Publikation der Gesellschaft außerdem manche Vorteile bringen wird; so vor allem wird sie eine engere Fühlung mit Vereinen ähnlichen Charakters herbeiführen, durch Schriftenaustausch unsere Bibliothek vergrößern helfen und uns neue Freunde gewinnen können. Die nächste Generalversammlung, die am 17. Januar stattfinden soll, wird darüber zu beschließen haben, ob dieser Versuch zu einer dauernden Einrichtung gemacht werden soll.

2. Bericht über die Vorträge.

Für den ersten Vortrag, am 9. Januar, war Herr Oberbürgermeister Dr. Külz gewonnen worden. Der Redner entwarf ein in jeder Beziehung interessantes und fesselndes Bild von Deutsch-Südwestafrika. Zunächst führte er seine Zuhörer an der Hand von Lichtbildern kreuz und quer durch das Land: Orte von der Küste und aus dem Innern, Typen der eingeborenen Bevölkerung, Bilder von der Farmwirtschaft zogen in bunter Folge vorüber. Dann schilderte der Redner die wirtschaftliche, politische und kulturelle Entwicklung des Landes. Für den wirtschaftlichen Aufschwung der Kolonie ist vor allem die Viehzucht von Bedeutung. Dabei kommt für den Norden die Rindviehzucht, für den Süden die Wollschafzucht in Frage. Die Rentabilität ersterer ist nach dem Urteil der Kenner schon jetzt gesichert, während die letztere noch in den Anfängen steht und erst in 10 bis 12 Jahren Erfolge auf dem Weltmarkt wird erzielen können. Für die Zucht weiterer Tiere, wie Pferde, Angoraziegen und Strauße, hält der Redner das Land nicht für geeignet. Ein erfreuliches Bild bietet die Gewinnung von Bodenschätzen. Der Kupferbau ist für die nationale Industrie von der größten Bedeutung infolge der jetzigen Monopolstellung Amerikas in der Kupferproduktion, und nur die Trägheit des deutschen Kapitals bringt es mit sich, daß die Hebung dieser Schätze noch nicht in größerem Maß in Angriff genommen worden ist. Neben der Kupferproduktion sind noch die Diamantenfunde sehr wichtig. Die deutschen Diamanten haben sich, dank ihrer leichten und wenig kostspieligen Gewinnung, spielend den Weltmarkt erobert und doch kommen sie für die Rentabilität des Landes nicht in Betracht; denn in der Art ihres Vorkommens liegt sowohl ihre größte Stärke als auch ihre größte Schwäche. Auf dauernde Diamantengewinnung ist hier nicht zu zählen. Die wirtschaftliche Basis des Landes ist nur in der Landwirtschaft, Viehzucht und Farmwirtschaft zu finden. In Bezug auf die politische Entwicklung der Kolonie sind erfreuliche Fortschritte zu verzeichnen. In letzter Zeit ist die gesamte innere Verwaltung neu geregelt, neben Anfängen der Selbstverwaltung in der Gemeinde- und Bezirksverwaltung ist dem einheimischen Element auch im Landesrat begutachtende Stimme gewährt worden. Solange das materielle Schwergewicht im Mutterlande liegt, wird auch die Verwaltung von hier aus geführt werden müssen. Aber vielleicht schon im nächsten Jahre wird die Kolonie ihre Ausgaben selbst decken können. Nicht Schritt gehalten mit der politischen Festigung hat die kulturelle Entwicklung des Landes; hierbei müssen vor allem die Deutschen in Südwest mehr als bisher mitarbeiten, und es beginnt auch schon ein erfreulicher Gemeinsinn sich zu regen. Was dem Lande fehlt, um es zu einem deutschen zu machen, das ist die deutsche Frau. Festigung des Heimatsgefühles und des Rassenbewußtseins, Sicherung der Integrität und einer gesunden Nachkommenschaft, das sind die Grundpfeiler des Wirkens der deutschen Frau in Deutsch-Südwestafrika, und wenn das Land deutsch werden und deutsch bleiben soll, müssen mehr als bisher deutsche Frauen und Mädchen hinausgehen.

An diese von Dr. Külz zum Schluß gestreifte, für unsere Kolonien so wichtige Frauenfrage knüpfte Frl. Maria Karow in ihrem am 18. Januar gehaltenen Vortrage über das Farmerleben in Deutsch-Südwestafrika nach dem Kriege an, indem sie feststellte, daß es in den Kolonien unbedingt der Mitwirkung der Frau bedürfe, um einen vollen Erfolg zu erzielen. Nach einigen Mitteilungen über das Heimatshaus und den Frauenbund der Deutschen Kolonialgesellschaft ging die Rednerin, die 3½ Jahre auf der Farm ihres Schwagers in Okombahe, Bezirk Omaruru, weilte, auf das intimere Farmerleben ein. Frl. Karow erzählte nur Selbsterlebtes und wußte ihre teils ernsten, teils heiteren Schilderungen des Lebens und Treibens der Eingeborenen, ihre Bemerkungen über die guten und schlechten Eigenschaften derselben, das Verhältnis des weißen Herrn zu den eingeborenen Dienern, die Bebauung des Bodens, die Tierzucht und den Pflanzenwuchs, die erreichten Ergebnisse auf den verschiedenen Gebieten, die Unterschiede zwischen den Herero und den Bergdamara, das koloniale Schulwesen usw. sehr interessant und lehrreich zu gestalten. Wenn kurze Zeit nach diesem Vortrag sich in Straßburg eine Ortsgruppe des Frauenbundes der Deutschen Kolonialgesellschaft gebildet hat, so ist dies hauptsächlich den anregenden Worten Frl. Karows zu verdanken.

Am 13. Februar veranstaltete die Gesellschaft für Erdkunde und Kolonialwesen in Gemeinschaft mit dem Vogesenklub, dem Schwarzwaldverein und der Sektion Straßburg des deutschen und österreichischen Alpenvereins einen Vortragsabend im großen Saale der Aubette. Der von prächtigen Lichtbildern begleitete Vortrag des Herrn Egon Fr. Kirschstein über die Virunga-Vulkane war außerordentlich fesselnd und wirkungsvoll. Der Redner sprach von seinen Forschungen und Erlebnissen auf der Deutschen Wissenschaftlichen Zentral-Afrika-Expedition 1907/08 des Herzogs Adolf Friedrich zu Mecklenburg, an der er als Geologe teilgenommen hat.

Eine ihrer wesentlichsten Aufgaben erblickte die Expedition in der genauen Erforschung der bis dahin noch wenig bekannten Vulkangruppe der Virunga, die sich im Norden vom buchtenreichen Kiwu-See als ein mächtiger jungeruptiver

Querriegel aus der Sohle des zentralafrikanischen Grabens erhebt und mit ihrer Gipfellinie die natürliche Nordgrenze der deutschen Landschaft Ruanda bildet. Acht gewaltige Vulkanmassive sind es, die einst die Feuergewalten im Schoße der Erde auf verhältnismäßig engem Raume erstehen ließen. Kühn recken sie ihre finsteren Riesenleiber in die Wolken hinein, und ihre höchsten Häupter sieht man selbst hier, unter tropischer Sonne, nicht selten in blendendem Neuschnee erglänzen.

Der Vortragende hat mehr als ein halbes Jahr, von September 1907 bis Ende März 1908, in dem Vulkangebiete gearbeitet und nacheinander sämtliche acht Berge bestiegen, um sie auf ihren geologischen Bau und die Eruptionsfolge ihrer Magmen hin eingehend zu untersuchen und ihre Beziehungen zur Tektonik festzustellen. Ihrer räumlichen Anordnung nach lassen sich die Virunga-Vulkane in drei deutlich geschiedene Gruppen sondern: in eine West-, eine Mittel- und eine Ostgruppe. Die Westgruppe, die bei weitem interessanteste, ist der Schauplatz der jüngsten vulkanischen Ereignisse im zentralafrikanischen Graben und umfaßt die beiden noch tätigen Feuerberge, den Namlagira und den Niragongo. Ein günstiger Zufall fügte es, daß der Vortragende gerade zu einer Periode erhöhter Eruptionstätigkeit des Namlagira zurechtkommen sollte und so aus unmittelbarer Nähe Zeuge einer ganzen Reihe von imposanten Tag- und Nachtausbrüchen des Vulkans sein konnte. Er hat nicht weniger als elf derartige Ausbrüche beobachtet und zum großen Teil auch photographisch festgehalten. Der Charakter der Eruptionen war immer der gleiche. Zu Lavaergüssen kam es nicht, hingegen handelte es sich im wesentlichen um Ausstoßung ganz ungeheurer Dampf- und Gasmassen, verbunden mit Lapilliregen und äußerst heftigen Detonationen in der Tiefe des Berges, die sich namentlich gegen Ende einer Eruption wie das Pochen von Hunderten von unsichtbaren Riesenhämmern anhörten. Die aus dem weiten Explosionskrater aufsteigende Eruptionssäule erreichte mitunter einen enormen Umfang. So stieg sie beispielsweise bei dem Ausbruch vom 17. November 1907 bis zu neun Kilometer hoch über dem Kraterrande empor und breitete sich in ihrem oberen, blumenkohlartig geformten Teile fast neunzehn Kilometer weit aus. Bei den vorherrschenden Ostwinden wurden die Lapillimassen meist weit nach Westen abgetrieben und über den Grabenrand hinausgetragen. Der Vortragende hat den Namlagira vor, während und nach den Eruptionen — im ganzen viermal — bestiegen und unter anderem auch einen Abstieg in den Krater des tätigen Vulkans gewagt. Hierbei wurde er von dem Beginne einer neuen Eruption überrascht, und nur mit knapper Not vermochte er sich mit seinen schwarzen Begleitern zu retten. Wie er feststellen konnte, verläuft rundum im Krater eine Art Terrasse, die mit senkrechten Wänden zum eigentlichen Kraterboden abfällt und im östlichen Teile des Kraters nach der Mitte zu einen Vorsprung hat. Es ist dies der stehengebliebene, vielfach zerborstene Rest eines alten Kraterbodens, der einst bei einer besonders heftigen Eruption des Berges in die Luft geblasen wurde. Die glutflüssigen Lavamassen sind dann in einem tieferen Niveau des Kraters aufs neue erstarrt und bilden einen völlig ebenen Lavaboden, der von zahlreichen dampfenden Spalten und Rissen durchzogen ist. Die jüngsten Eruptionen des Namlagira sind nun nicht aus diesem neuen Kraterboden erfolgt, sondern aus einer Anzahl steilwandiger Explosionsschlote, die in der Terrasse ausgeblasen sind. Besonders der am Rande des östlichen Terrassenvorsprungs gelegene Eruptionskanal entwickelte eine lebhafte Tätigkeit.

Im Gegensatz zu der tätigen Westgruppe werden Mittel- und Ostgruppe der Virunga-Vulkane von je drei erloschenen Feuerbergen gebildet. Und zwar besteht die Mittelgruppe aus dem Mikeno, Karissimbi und Wissoke, während die Ostgruppe sich aus den in einer Ostwestlinie stehenden drei Vulkankegeln Ssabinjo, Mgahinga und Muhawura zusammensetzt, von denen letzterer als der östlichste Eckpfeiler der Virunga bei klarem Wetter sogar schon von Karagwe und Ankole aus sichtbar ist. Keinerlei Tätigkeit kündet hier mehr von den vulkanischen Kräften, denen diese Berge einst ihre Schöpfung verdankten. Wind und Wetter haben unaufhörlich an dem harten Felsgestein genagt und so im Laufe der Jahre aus dem unwirtlichen Lavaboden ein fruchtbares Ackerland hervorgezaubert. Die Folge davon ist eine überaus reiche Bebauung und Besiedelung des Landes. Felder reihen sich an Felder, nur unterbrochen von dem saftigen Grün der Bananenhaine und den Hütten der Eingeborenen. Wie in ganz Ruanda besteht auch hier die Hauptmasse der Bevölkerung aus den ackerbautreibenden Wahutu. Das sind echte Bantuneger mit gedrungenem, muskulösem Körperbau und plumpen, unschönen Gesichtszügen. Sie bauen Erbsen, Bohnen, Hirse, Mais und Süßkartoffeln. Den Adel des Landes bilden die Watussi, ein hellfarbiges, hamitisches Hirtenvolk, das einst von weither aus Norden, vermutlich aus den Nilländern, gekommen ist und die eingeborenen Wahutu mit harter Hand unterjocht hat. Die Watussi sind Viehzüchter, Ackerbau betreiben sie garnicht. Sie erreichen nicht selten die stattliche Körperlänge von 2 m und darüber, auch sind sie außerordentlich gewandte Springer. Wohl der merkwürdigste Volksstamm Ruandas aber sind neben diesen Riesen die zwerghaften Batwa, ein lichtscheues Gesindel, das im ärgsten Dickicht der Wälder zu Hause ist und ausschließlich von Jagd und von Raub lebt. Hat man jedoch erst einmal ihr Vertrauen gewonnen, dann leisten sie willkommene Führerdienste auf den vielfach verschlungenen Pfaden der Wildnis im Vulkangebiet.

Der höchste unter den Virunga-Vulkanen ist der 4500 m hohe Karissimbi. Ein Riese unter Riesen! Als mächtiges, in seinem westlichen Teil von einem wohlgeformten Kegel gekröntes Plateau ragt er über die Landschaft hinaus. Nur selten ist der Gipfel klar. Fast ständig umhüllt ihn eine dichte Wolkenschicht. Hebt sich diese aber einmal, oft nur für wenige Augenblicke, um als weiße Kappe über seinem Haupte emporzuschweben, dann genießt das Auge staunend die schneeige, glitzernde Pracht, die dort die Wolken hinterlassen haben. Besonders charakteristisch nimmt sich die Form des Karissimbi von Norden aus. Auffallend regelmäßig, wie ein Vulkanmodell, steigt der nach oben spitz zulaufende Hauptkegel aus der Ebene auf, während einem langen Rücken gleich sich das weite Plateau an seine Ostflanke anlegt. In das Plateau eingesenkt ist ein mächtiger, mehr als anderthalb Kilometer breiter Krater, den der Vortragende den Branca-Krater genannt hat. Ein zweiter Krater des Karissimbi befindet sich direkt südlich vom Hauptkegel. Es ist dies der Hans Meyer-Krater. Der Gipfel selbst ist kraterlos. Leider sollte die Bezwingung dieses Vulkanriesen nicht ohne den Verlust von Menschenleben zu bewerkstelligen sein. In etwa 4000 m Meereshöhe wurde der Vortragende am 26. Februar 1908 von einem äußerst heftigen Schneesturm überrascht, der ihm die Hälfte seiner Karawane kostete. 20 Mann blieben als Leichen im Schnee zurück. Glücklicherweise konnten jedoch die wissenschaftlichen Sammlungen und das wertvolle photographische Material nachträglich gerettet werden.

Ende März endlich waren die Arbeiten im Vulkangebiet abgeschlossen. Nicht weniger als 17 Gesteinslasten mit den Laven, Auswürflingen, Sublimationsprodukten usw. der Virunga-Vulkane, sowie zwei Doppellasten photographischer Platten konnten als das Ergebnis mehrmonatiger, angestrengter Tätigkeit durch die Vermittlung der Mission der Weißen Väter in Ruasa zur afrikanischen Ostküste abgehen. Der Vortragende selbst nahm seinen Weg über Ufumbiro und die Lavafelder im Norden der Vulkane nach dem belgischen Militärposten Rutschuru und von da weiter nordwärts zum Albert Edward-See, um ein Vierteljahr später wohlbehalten die Kongomündung zu erreichen.

Am 15. März sprach Professor Dr. Hauthal über „Argentinien, das Land der Zukunft". Der Vortragende ging aus von der hervorragenden Stellung, die sich Argentinien durch seine Handelsprodukte auf dem Weltmarkt und besonders auch in Deutschland erworben hat. Er wies dann hin auf die gewaltige Ausdehnung des Landes und seine glückliche Lage in drei klimatischen Zonen. Infolge dieser Lage besitzt das Land im Norden Baumwolle, Zuckerrohr, Edelhölzer, Reis, in der Mitte liegt eine ungeheure Ackerbau- und Weizenzone, der südliche Teil ist ausgezeichnet durch Schafzucht. Zu der glücklichen geographischen Lage kommen noch andere sehr günstige Faktoren, wie Flüsse, vertikale Gliederung in Ebene und Gebirge usw., die geeignet sind, einen Aufschwung Argentiniens zu bewirken. Gewisse Schwierigkeiten bieten nur gewaltige Felder vulkanischen Gesteins. Doch am Rande dieser gewaltigen Basaltdecken quellen wieder die Wasser hervor, sodaß auch diese Gebiete einer intensiven Kultur zugeführt werden können. Der Vortragende machte hierauf seine Zuhörer mit den charakteristischen Verhältnissen des Landes bekannt, indem er sie an der Hand von vielen vorzüglich ausgeführten Lichtbildern eine Reise durch Argentinien unternehmen ließ. Zuerst ging es von Buenos Aires, der Hauptstadt mit vollständig europäischem Gepräge, die jetzt 1,3 Millionen Einwohner zählt, und von La Plata den gewaltigen Rio Parana hinauf bis zu den großen interessanten Wasserfällen der Ignazu. Dann begann die Landreise auf Maultierrücken. Durch die Niederungen des nordöstlichen Argentinien mit seinen Waldbeständen von Quebrachaholz ging es hinauf auf das Hochplateau im Norden. Überaus trockenes Klima und spärliche Vegetation (Kakteen) zeichnen diese Landschaft aus, die ihr eigentümlich einförmiges Gepräge durch die gigantischen Vulkane z. B. den Incahuasi erhält, die hier in großer Zahl das Hochplateau krönen, das sie durch ihre talausfüllenden Auswurfmassen zum großen Teil gebildet haben. Die spärliche Bevölkerung ernährt sich durch die Ausbeute von Steinsalz, das wie starke Eisstücke von der Oberfläche abgehackt wird, und von der Gewinnung des darunter liegenden Borax. Die Gewinnung von Metallen, Kupfer, Silber usw. im Westen wird wegen des noch sehr kostspieligen Transportes erst in späterer Zeit größere Dimensionen annehmen können. Die Reise führte weiter hinab in die am Ostfuß der Cordillere gelegene Pampa, die oft von Erdbeben heimgesucht wird. Besonders eingehend schilderte Herr Professor Dr. Hauthal die Erhebungen der Cordillere, die ihrer Entstehung nach durchaus nicht als einheitliches Gebirge aufzufassen ist; im Norden herrschen Ketten, im Süden einzelne Massive vor, bedingt durch Lakkolithe granitischer Natur. Von höchstem Interesse waren einige Bilder, die den sogenannten „Büßerschnee" veranschaulichten. Dann führte der Vortragende seine Hörer in das Gebiet der zahlreichen großen Seen der südlichen Cordillere ein. In einige von ihnen, z. B. in den Lago Hauthal und Lago Argentina, ergießen sich von der in der Cordillere lagernden Inlandeismasse her einige gewaltige Eisströme, deren Eismassen bis zu 30 m hoch sind. Eine weitere Reihe höchst interessanter Lichtbilder brachte prächtige Darstellungen der argentinischen Vegetation, sowie die in der Antarktis herrschende Vogelwelt, besonders schön die Pinguine zur Anschauung. Im letzten Teile wurde zunächst der verschiedenen ureinheimischen Stämme und dann der Gauchos, jener Viehhirten von spanischer und indianischer Abstammung gedacht. Auch eine württembergische Kolonie und die Art der Anlegung und Bewirtschaftung ihrer Farmen zeigte der Vortragende. Zur Zeit beruht die Kultur Argentiniens hauptsächlich noch auf den Erträgnissen der Landwirtschaft und Viehzucht, die in den letzten 10 Jahren einen gewaltigen Aufschwung genommen haben, indem ihre Produkte (auch Milch) einer rationelleren Verwertung zugeführt wurden. Im Osten ist Argentinien im Begriff, von der Farmviehzucht zur intensiven Landwirtschaft

(Weizenbau) überzugehen. Für die Industrie fehlt es an Kohle, doch ist man jetzt eifrig bestrebt, die kolossalen Wasserkräfte zur Gewinnung elektrischen Stromes nutzbar zu machen. In der Einfuhr, die sich im ersten Halbjahr 1908 auf 525 Millionen Mark bezifferte, steht England an erster Stelle, Deutschland an zweiter, hat aber einen gefährlichen Gegner an Nordamerika, das hauptsächlich Rohprodukte einführt, während Deutschland Produkte seiner Industrie hinbringt. Der Ertrag der vorjährigen Ernte Argentiniens wird auf 2 Milliarden geschätzt. Das zeigt, daß Argentinien doch gewiß ein Land ist, das eine große Zukunft hat. Wie kein anderes Land in Südamerika sei Argentinien für deutsche Arbeit und deutsche Unternehmungslust geeignet. Es werde gewiß in wenigen Jahren an der Spitze der südamerikanischen Staaten marschieren.

Zur Veranstaltung des Vortragsabends am 12. April hatte sich die Gesellschaft für Erdkunde wiederum mit dem Vogesenklub, dem Alpen- und Schwarzwaldverein zusammengetan. Der Redner des Abends war Dr. Hugo Grothe, der über eine zwölfmonatliche Wanderung auf den Spuren der Bagdadbahn vom Mittelmeer zum Persischen Golf sprach. Nachdem er die geographische Lage, die natürliche Beschaffenheit und die wirtschaftliche Lage Mesopotamiens behandelt hatte, ging er zu dessen Bevölkerung über und ließ deren Leben und Treiben in Wort und Bild an seinen Zuhörern vorüberziehen. Daran schlossen sich interessante Betrachtungen über Babylonien und zum Schlusse über die Bagdadbahn, deren Trace eingehend behandelt wurde. Auch die Bedeutung der Bagdadbahn für Handel und Verkehr im allgemeinen und für Deutschland im besonderen zog Dr. Grothe in den Kreis seiner Erörterungen. Desgleichen fand der von England unterstützte Plan, Bagdad durch eine andere kürzere Bahnstrecke mit dem Mittelmeer zu verbinden, Erwähnung. Der wirtschaftliche Wert der Bagdadbahn würde durch eine solche Bahn dermaßen herabgedrückt werden, daß ihre Ausführung für Deutschland kein Interesse mehr hätte.

Am 25. Oktober sprach Dr. Th. Koch-Grünberg vor einer sehr zahlreichen Zuhörerschaft über seine „Reisen- und Indianerstudien in Nordwestbrasilien 1903—1905." An der Hand einer Karte und hervorragend schöner Lichtbilder schilderte er zunächst die geographischen Verhältnisse in den Flußgebieten der beiden großen Amazonasnebenflüsse Rio Negro und Yapurá, die er auf weite Strecken mit einem Boot befahren hat. Mächtige Wasserfälle und Stromschnellen, die dabei umgangen werden mußten, malerische Gebirgsgegenden und üppiger Pflanzenwuchs zogen an den Augen der Anwesenden vorüber, Bilder von Gegenden, die bisher wenig bekannt und vielfach gänzlich unbekannt waren. Die Indianerstämme, die Dr. Koch hier fand, leben noch, unberührt von jeder Zivilisation, in voller Freiheit und Ursprünglichkeit. Die liebevolle Schilderung der eigenartigen Kultur dieser seiner „braunen Freunde", wie er sie nannte, ihres Lebens und Treibens, ihrer Sitten und Gebräuche bildete dann den Hauptinhalt des Vortrages. Besonders hervorgehoben wurde das freundliche Entgegenkommen, die große Verträglichkeit im Kreise der Familie, die peinliche Reinlichkeit, der ausgeprägte Sinn für Bilder und Zeichnungen dieser Naturmenschen, deren Körperbau oft von geradezu klassischer Schönheit ist. Geschmack und außerordentliches Geschick zeigen sie bei dem Bau ihrer großen Häuser, körperliche Gewandtheit bei ihren Ballspielen. Von besonderem Interesse war dann die Darlegung ihrer religiösen Anschauungen, die in verschiedenen Maskentänzen ihren eigenartigen Ausdruck finden.

Am 8. November erfreute uns unser zweiter Vorsitzender, Herr Prof. Dr. Sapper, durch einen in hohem Grade anregenden und interessanten Vortrag über „Neumecklenburg auf Grund eigener Reisen". Die Zuhörer brachten durch lebhaften Beifall ihren Dank zum Ausdruck, und es ist uns ein Bedürfnis, denselben an dieser Stelle zu wiederholen. Es handelte sich um die Expedition, die im Februar 1908 vom Reichskolonialamt auf Anregung der Kommission für landeskundliche Erforschung der Schutzgebiete zur Untersuchung der Natur- und Völkerverhältnisse von Neumecklenburg und seinen Nachbarinseln ausgeschickt wurde. Die Expedition bestand aus dem Vortragenden als Geographen und dem Hauptmann a. D. Dr. G. Friederici (Dorlisheim) als Ethnologen.

Prof. Sapper berichtete unter Vorweisung und Erklärung von ethnographischen Gegenständen und Lichtbildern über die Erfahrungen und Ergebnisse der Expedition, die gegen Ende 1908 zum Abschluß gekommen war. Die verschiedenen Schwierigkeiten, die durch die Beschaffenheit der Verkehrswege, die ungünstigen

Witterungsverhältnisse, die stellenweise sehr geringe Volksdichtigkeit, die schwächliche Konstitution der Eingeborenen etc. der Durchführung der Expedition sich entgegenstellten, wurden eingehend besprochen und in kurzen Zügen ein Bild von Neumecklenburg und seinen Nebeninseln entworfen.

Die gegen 400 km lange, vielfach sehr schmale Insel Neumecklenburg, als deren Fortsetzung im Westen Neuhannover anzusehen ist, wird im Nordosten und Südwesten von einer größeren Zahl kleinerer Inseln begleitet. Alle diese Inselgebiete sind teils aus Korallenkalk, teils aus jungen Tiefseeablagerungen, teils aus eruptiven Gesteinen und Tuffen aufgebaut; in dem meridional gestreckten Südneumecklenburg kommen aber auch alttertiäre Ablagerungen vor. Neumecklenburg zeigt sehr bedeutende Erhebungen (bis 2150 m ü. M.) und vielfach schöne Strandterrassen, die bis in beträchtliche Höhen hinauf (c. 800 m) zu erkennen sind. Das Klima ist feuchtwarm, die Vegetation üppig. Urwälder bedecken den größten Teil des Gebiets, doch kommen auch Grasfluren auf gewissen Flächen vor. Die Tierwelt des Landes ist arm, die des Meeres dagegen reich, so daß sie viel zur Ernährung der Eingeborenen beizutragen vermag; dieselben leben im übrigen hauptsächlich vom Ertrag des Ackerbaus (besonders Taro) und der Baumzucht (Cocospalmen, Sagopalmen, Brotfruchtbäumen u. a.).

Die Eingeborenen, die größtenteils schon zum Christentum bekehrt sind, sind Melanesier von geringer Kulturhöhe, aber starkem Kunsttrieb. Der Kannibalismus, der früher sehr blühte, ist in dem Gebiet nun dank dem Einschreiten der deutschen Regierungsorgane fast ganz unterdrückt. Die Eingeborenen werden vielfach angeworben, um außerhalb ihrer Heimat in der Polizeitruppe, auf Pflanzungen oder in Haushaltungen zu arbeiten, aber ihre Zahl geht zurück, so daß man jetzt alles zu tun sich anschickt, was wieder zur Hebung der Volksziffer führen könnte. Denn auf dem Wachsen der Volkszahl beruht großenteils die Aussicht wirtschaftlichen Fortschrittes.

Die in geringer Zahl (seit etwa 1900) auf Neumecklenburg ansässigen Europäer (meist Deutsche) betreiben hauptsächlich Agrikultur (Kokospalm- und Kautschukbaumpflanzungen), die gute Erträge liefert bezw. verspricht, während Viehzucht geringe, Bergbau gar keine Aussichten bietet. Der Handel bewegt sich noch in bescheidenen Grenzen.

Am 22. November sprach Herr Dr. Paul Ehrenreich über altamerikanische Kulturstätten in Mexiko und Yukatan, die er auf einer archäologischen Studienreise im Herbst 1906 besucht hat. Von der Hauptstadt Mexico aus unternahm er eine Reihe von Exkursionen. Die erste führte zum Hügel von Iztapalapan, einer alten Kultusstätte mit orientierendem Ausblick auf den See von Topioco und die ihn umgrenzenden Vulkanberge, eine zweite nach Amecameca an den Fuß der gewaltigen Schneevulkane Iztaccihuatl und Popocatepetl, eine dritte nach Tezcoco am Südufer des Sees mit den Ruinen des alten Königspalastes und den in der Umgegend bemerkenswerten archäologischen Resten der riesigen Monolithstatue des Gottes Tlalok und der Palastmauer von Hueyotla, eine vierte nach Teotihuacan, wo die einstigen Pyramiden der Sonne und des Mondes, die Gräberstraße mit ihren Priesterhäusern die älteste Kulturschicht des Landes, die sog. Toltekenzeit, repräsentieren. Auf dem fünften Ausfluge nach dem herrlich gelegenen Cuernavaca im S. wurde das schönste altaztekische Bauwerk, die Tempelpyramide von Xochicalco, ausgezeichnet durch ihren reichen Skulpturenschmuck (4 Paare riesiger Feuerschlangen) besichtigt. Das nächste Ziel war Puebla und die der gleichen Epoche wie Teotihuacan angehörige Pyramide von Cholula, die noch genauerer Erforschung harrt. Es folgte dann ein Vorstoß in das Zapotekenland nach Oaxaca, in dessen Nähe die ausgedehnten Ruinen der Heiligtümer von Mont Alban sich erheben. Noch bedeutsamer sind die wohlerhaltenen Tempel und Palastruinen der alten Priesterkönige bei Mitla mit ihrer reichen Mosaikornamentik und sagenumwobenen Krypten. Hieran schloß sich eine Reise über Orizaba, Cordoba und Vera Cruz nach Yukatans Hauptstadt Merida, dem Ausgangspunkt für den Besuch der großartigen Mayaruinen von Uxmal und Chitzenitza. Von den im reichsten Skulpturenschmuck prangenden Bauten von Uxmal wurden die große Pyramide mit dem sog. „Haus des Zwerges“, die ausgedehnten an Mitla erinnernden Paläste, das „Haus der Nonnen“ und das des „Gouverneurs“ und endlich das durch merkwürdig durchlochte Giebel ausgezeichnete „Taubenhaus“, eingehend behandelt.

In Chitzenitza hat die mexikanische Kultur sich mit der der Maya vermischt. Die große Pyramide mit ihren Schlangenornamenten, den Kriegsreliefs, den Schlangensäulen, der benachbarte Ballspielplatz, dessen Anbauten in ihren Skulpturen Opferszenen darstellen, z. T. auch noch ansehnliche Reste von Malerei aufweisen, der kreisrunde Tempel des Windgotts sind entschieden aztekisch beeinflußt. Die südliche Gebäudegruppe, wie das dreistöckige „Nonnenhaus“ mit seinen herrlichen, architektonisch äußerst wirksamen Anbauten, geziert von phantastischen „Rüsselmasken“, das sog. Gefängnis oder „rote Haus“ u. a., zeigt mehr reinen Maya-Stil. Die Rückreise führte auf demselben Wege nach Mexiko und von dort über Loredo, New Orleans nach New York zurück.

Kassenbericht pro 1910.

Einnahme	Mk.	Pfg.	Ausgabe	Mk.	Pfg.
Beitrag des Kaiserl. Statthalters Graf von Wedel	500	—	Vortrag	44	96
Jahresbeiträge . . . Mk. 3224.— abzüglich des an die Deutsche Kolonialgesellschaft Berlin überwiesenen Anteils . . „ 1860.—	1364	—	Honorare für Redner, Saalmiete, Bedienung von Lichtbilder-Apparaten etc.	1386	72
Beiträge verschiedener Vereine an den Kosten gemeinsam veranstalteter Vorträge	291	27	Drucksachen	171	—
Zinsen der Rhein. Creditbank Filiale Straßburg	38	20	Portoauslagen, Schreib- und Einzugsgebühren	82	99
Verschiedene kleine Einnahmen	45	20	Verschiedene kleine Auslagen	25	30
			Guthaben bei der Rhein. Kreditbank am 31. Dezember 1910	523	75
			Barbestand	3	95
	2238	67		2238	67

Mitgliederverzeichnis
1910.

Protektor:
Seine Durchlaucht Fürst zu Hohenlohe-Langenburg.

Ehrenmitglieder:

Dr. Sven von Hedin in Stockholm.
Leo, Generalleutnant z. D., Exzellenz, in Kassel.

Korrespondierende Mitglieder:

von Förster, Oberst u. Kommandeur des Inf.-Regts. 48 in Cüstrin.
Herold, Major, Fuß-Art.-Regt. 14 in Straßburg.

Vorstand:

Ehrenvorsitzender:	Gerland, Dr., Univ.-Professor, Geh. Reg.-Rat.
I. Vorsitzender:	Auler, Generalmajor, Inspekteur der 3. Ing.-Inspektion.
II. „	Sapper, Dr., Universitätsprofessor.
I. Schriftführer:	Gähtgens, Dr., Professor, Oberlehrer.
II. „	Liebster, Hauptmann, Inf.-Regt. 105.
Schatzmeister:	Engelhorn, Bankdirektor.
Beisitzer:	Falcke, Oberst, Inf.-Regt. 105.
	Frhr. v. Gemmingen, Geh. Reg.-Rat, Kreisdirektor.
	v. Habermaas, Oberst, Festungs-Inspekteur.
	Hergesell, Dr., Univ.-Professor, Geh. Reg.-Rat.
	Herold, Major, Fuß-Art.-Regt. 14.
	Langenbeck, Dr., Professor, Oberlehrer.
	Offermann, Dr., Geh. Reg.-Rat.
	Pöhlmann, Bezirkspräsident.
	Rudolf, Dr., Universitätsprofessor.
	Schmidt, Generalleutnant z. D., Exzellenz.
	Schwalbe, Dr., Universitätsprofessor.
	Schwander, Dr., Bürgermeister.
	Stage, Geh. Regierungsrat.
	Würtz, Dr., prakt. Arzt.

Mitglieder.

Die Namen derjenigen Mitglieder, welche zugleich der Abteilung Straßburg der Deutschen Kolonialgesellschaft angehören, sind mit einem * versehen.

1. Abegg, Dr. jur., Oberleutnant a. D., Goethestraße 41.
*2. Adler, C., Fabrikant, Kölnerring 18.
*3. Adler, Proviantamts-Kontrolleur,
*4. Albrecht, Hauptmann, Adjutant der 85. Inf.-Brig., Baldungstraße 7.
5. Arnold, Oberstleutnant, Inf.-Regt. 132, Herderstraße 32.
6. Aron, Landgerichtsdirektor, Ruprechtsauer Allee 32.
*7. Auler, Generalmajor u. Inspekteur d. 3. Ing.-Inspektion, Orangeriering 20a.
*8. Backes, Heinrich, Architekt, Oberlinstraße 23.
*9. Baer, Dr., prakt. Arzt, Kleine Kirchgasse 2.
10. Baeseler, Landgerichtsrat, Manteuffelstraße 39.
*11. Baeumker, Dr., Universitätsprofessor, Wenckerstraße 8.
*12. Bäßler, Leutnant, Inf.-Regt. 126, Schirmeckerring 37.
13. Basse, Reg.- und Baurat, Schiltigheimerplatz 6.
*14. Bauer, Major, Inf.-Regt. 132, Universitätsplatz 8.
*15. Baumann, Oberleutnant, Inf.-Regt. 126, Margarethenkaserne, Geb. III, St. 165.
16. Bauschinger, Prof. Dr., Sternwarte.
17. Bayer, Dr., Universitätsprofessor, Paul-Labandstaden 2.
18. Becker, Kriegsgerichtsrat, Wimpfelingstraße 2.
19. Becker, Leutnant, Inf.-Regt. 105, Oberlinstraße 36.
20. Beetz, Dr., Direktor, Pioniergasse 1.
*21. Belin, Dr., prakt. Arzt, Thomasstaden 1bis.
*22. Bellardi, Hauptmann, Fortifikation, Twingerstraße 5.
*23. v. Berenhorst, Major im Generalstab, Nikolausring 1.
*24. Berg, Dr., Assistent am Anatom. Institut, Taulerstraße 21.
25. v. Berg, Frhr., Landforstmeister a. D., Murnerstraße 4.
*26. Berger, Kaufmann, Gewerbslauben 10.
*27. Berger, Schriftsteller, Ruprechtsauer Allee 45 I.
*28. Bergemann, Major, Pionier-Bat. 14, Kehl, Rheinstraße 53.
29. Bergmann, Dr., Regierungsrat, Daniel-Hirtz-Straße 14.
*30. Bertheau, Ingenieur, Sleidanstraße 6.

*31. Bertog, Oberstleutnant u. Direktor d. Artilleriewerkstatt, Zeughausgasse 6.
*32. Beyer, Reinh., Kaufmann, Gewerbslauben 46.
*33. Biedert, Dr., Professor, Geh. Medizinalrat, Silbermannstr. 6.
*34. Bilharz, Leutnant, Inf.-Regt. 105, Fort Kronprinz.
*35. Bindernagel, Hauptmann, Pion.-Batl. 15, Paul-Labandstad. 4.
36. Blaum, Dr., Professor, Oberlehrer, Universitätsplatz 7.
37. Block, Oberleutnant, Inf.-Regt. 105, Schiltigheimerplatz 10.
38. Blunck, Baurat, Königshofenerstraße 8.
*39. v. Boeckmann, Generalmajor u. Komm. d. 60. Inf.-Brig., Möllerstraße 9 II.
40. Bögnerschule, Vorstand der —, Finkweilerstaden 5.
41. Bok, Dr., Prof., Oberlehrer, Weißturmring 29.
42. v. Bomhard, Dr., Landgerichtsdirektor, Geh. Justizrat, Schwarzwaldstraße 41.
43. „Bon Pasteur", Direktion des —, höhere Mädchenschule der Diakonissenanstalt, Marxgasse 8.
44. Bonsack, Hauptmann, Inf.-Regt. 172, Daniel-Hirtz-Straße 15.
*45. v. Borries, Dr., Professor, Oberlehrer, Judengasse 15.
*46. v. Borries, Generalmajor, Vogesenstraße 20.
*47. Bramm, F., Kriegsgerichtsrat, Schweighäuserstraße 21.
*48. Brandenburg, Hauptmann, Inf.-Regt. 132, Nikolausring 39.
*49. Braubach, Geh. Bergrat, Lessingstraße 8.
*50. Braun, Oberleutnant, Inf.-Regt. 105, Oberlinstraße 39 II.
51. Braun, Prof. Dr., Physikalisches Institut.
52. Breitenbach, Generalleutnant z. D., Ludwigshafenerstraße 4.
*53. Breitenberger, Robert, Universitätsplatz 11.
*54. Breslich, Hauptmann, Inf.-Regt. 172, Vogesenstraße 87.
55. Bresslau, Dr., Universitätsprofessor, Ruprechtsauer Allee 45.
56. Brion, Aug., Architekt, Aureliengasse 11.
*57. Bruch, Geh. Regierungsrat, Lameystraße 3.
*58. Bucher, Hauptmann, Inf.-Regt. 105, Twingerstraße 8.
*59. Bücking, Dr., Universitätsprofessor, Lessingstraße 7.
*60. Bürel, Badbesitzer, Gedeckte Brücken 8a.
*61. v. dem Bussche Haddenhausen, Frhr., Hauptmann, Inf.-Regt. 105, Junkerstraße 1.
62. Burger, Kriegsgerichtsrat, Fischartstraße 18.
*63. Burschenschaft „Arminia", Orangeriering.
*64. Burschenschaft „Germania", Züricherstraße 11a I.
*65. Cahn, Dr., Universitätsprofessor, Goethestraße 5.

*66. Chatenay, Oberleutnant, Inf.-Regt. 143, Wimpfelingstraße 32.
*67. Chiari, Dr., Universitätsprofessor, Goethestraße 9.
*68. Classen, Dr., Generaloberarzt, Ruprechtsauer Allee 14.
*69. Clorer, Oberleutnant, Inf.-Regt. 132, Ludwigshafener. straße 15.
70. Colas, Prokurist von M. DuMont Schauberg, Jung-St.-Peterplatz 6.
*71. Colomb, Leutnant, Inf.-Regt. 105, Manteuffelkaserne, Geb. I, St. 63/64.
72. Crell, Oberleutnant, Fuß-Art.-Regt. 14, Twingerstraße 5.
*73. Cronau, Geh. Regierungsrat, Blessigstraße 4.
74. Cußler, Hoflieferant, Studentengasse 8—10.
*75. v. Dadelsen, Dr., Prof., Oberlehrer, Lameystraße 16.
*76. Dahms, Rittmeister, Hus.-Regt. 9, Universitätsstraße 38.
77. Dalitz, Vize-Postdirektor, Apffelstraße 21.
*78. Dall, Polizeipräsident, Blauwolkengasse 11.
79. Danz, Hauptmann, Inf.-Regt. 136, Kaiser-Friedrichstraße 19a.
*80. v. Dawans, Major, Bekleidungsamt, Spachgäßchen 1.
*81. Deuster, Kaufmann, Kronenburgerring 23.
*82. Dieckhoff, Dr., Geh. Reg.- und Vortragender Rat beim Statthalter, Orangeriering 11.
*83. Dienst, Robert, Kaufmann, Oberlinstraße 6.
84. Dietrich, Dr., Sanitätsrat, Arzt, Odilienstraße 1.
85. Dobritz, Katasterkontrolleur, Bitscherstraße 5.
86. Döderlein, Dr., Universitätsprofessor, Paul-Labandstaden 30.
87. Dominicus, Reg.-Rat, Beigeordneter, Stöberstraße 12.
*88. Dreßler, Hauptmann, Zeughausgasse 6.
89. Dreyfuß, Dr., Privatdozent, Ruprechtsauer Allee 39.
90. Ehrhardt-Redslob, Marie, Kalbsgasse 18.
*91. Eichmann, Major, Art.-Offiz. v. Platz, Fischartstraße 14.
*92. Eisinger, Oberleutnant, Inf.-Regt. 143, Universitätsstr. 38.
93. Eissen, Geh. Kommerzienrat, Kaiser-Friedrichstraße 13.
*94. Engelhardt, Leutnant, Inf.-Regt. 105, Sleidanstraße 13.
*95. Engelhorn, Bankdirektor, Schweighäuserstraße 41.
*96. Esche, Major, Inf.-Reg. 136, Kaiser Wilhelmstraße 5.
97. Euting, Dr., Universitätsprofessor, Geh. Regierungsrat, Schloßplatz 2.
*98. Fack, Hauptmann, Inf.-Regt. 126, Vogesenstraße 21.
*99. Falcke, Oberst, Inf.-Regt. 105, Dietrichstaden 1.

*100. Fechner, Leutnant, Intendantur des XV. A.-K., Kölnerring 18.
*101. Fehling, Dr., Geh. Obermedizinalrat, Universitätsprofessor, Paul Labandstaden 15.
*102. Feilzer, Oberleutnant, Fußart.-Reg. 15, Ruprechtsauer Allee 56.
*103. Feist, Jos., Direktor der Elsäss. Tabakmanufaktur, Kaiser-Wilhelmstraße 3.
104. Feist, Geh. Reg.-Rat, Landestierarzt, Kaiser-Wilhelmstr. 7.
*105. Feuerheerd, Hauptmann, Inf.-Regt. 136, Schwarzwaldstr. 19.
106. Fick, Justizrat, Notar, Schiltigheim, Bischweilerstraße 56.
107. Ficker, Dr., Universitätsprofessor, Lessingstraße 2.
*108. Fingerhuth, Hauptmann, Fuß-Art.-Regt. 10, Geilerstraße 1.
109. Fischer, Dr., Universitätsprofessor, Küfergasse 25.
110. v. Förster, Oberst und Kommandeur des Inf.-Regt. 48 in Cüstrin, Ehrenmitglied.
*111. Freihen, Buchhändler, Dietrichstaden 4.
*112. Freudenfeld, Oberregierungsrat, Kaiser-Wilhelmstraße 5.
*113. Freund, Dr., Universitätsprofessor, Lessingstraße 6.
*114. Friedel, Major, Inf.-Regt. 105, Nikolausring 3 IV.
*115. Friemel, Oberstleutnant, Kommandeur der Pioniere des XV. A.-K., Kaiser-Friedrichstraße 32.
*116. Fromme, Dr., Oberarzt, Palaststraße 11.
117. Funke, Dr., Universitätsprofessor, Paul-Labandstaden 3; vom 1. April ab Müllenheimstaden 3.
*118. Gambichler, Oberleutnant, Inf.-Regt. 143, Mannheimerstr. 7.
*119. Gaupp, Oberleutnant, Inf.-Regt. 105, Kronenburgerring 22 I.
*120. Gähtgens, Dr., Prof., Oberlehrer, Schiltigheim, Vogesenstr. 7.
*121. Gebhardt, Landger.-Dir. a. D., Geh. Justizrat, Gailerstr. 5.
*122. Geissel, J., Generalagent, Kleberstaden 16.
*123. Gelshorn, Dr., Prof., Oberlehrer a. D. Schweighäuserstr. 21 II.
*124. v. Gemmingen, Frhr., Geh. Reg.-Rat, Kreisdirektor, Palaststr. 5.
125. Geographisches Seminar, Universität.
*126. Gerber, E., Dr., Geh. Reg.-Rat, Bezirkspräsidium.
*127. Gerland, Dr., Universitätsprofessor, Schillerstraße 6.
*128. Giesecke, Geh. Rechnungsrat i. Ministerium, Hennengasse 1.
*129. Glauer, Generalmajor z. D., Am Waseneck 7.
*130. Glässgen, Leutnant, Inf.-Regt. 132, Gerhartstraße 5.
*131. Glockner, Hauptmann, Inf.-Regt. 132, Sebastian-Brantplatz 3.

*132. Glunz, J., Fabrikant, Weißturmring 2.
*133. Glunz, M. E., Strohhutfabrikant, Wasselnheimerstraße 4.
*134. Glück, Major, Inf.-Regt. 126, Ludwigshafenerstraße 10.
*135. Gödel, Leutnant, Inf.-Regt. 105, Bitscherstraße 14.
136. Götte, Dr., Universitätsprofessor, Spachallee 13.
*137. Goetz, Direktor der direkten Steuern, Schweighäuserstraße 21.
*138. v. d. Goltz, Frhr. Generalleutnant, Exz., Kommandeur der 30. Division, Am Waseneck 3.
139. Graner, Direktor der Techn. Schule, Schwarzwaldstraße 19.
140. Grau, Ober-Postinspektor, Oberlinstraße 38.
*141. Grass, Oberleutnant, Inf.-Regt. 105, Nikolausring 7.
142. Gravenstein, Major, Fuß-Art.-Regt. 10, Kochstaden 5.
*143. Greiner, Emil, Zivilingenieur, Möllerstraße 14.
*144. Grell, Hauptmann, Inf.-Regt. 136, Schiltigheimerring 6.
145. Grober, Prof., Dr., Lycealdirektor, Schloßplatz 1.
*146. v. Grolman, Oberst, Inf.-Regt. 132, Schiltigheimer Platz 8.
*147. Grosch, Oberleutnant, Hus.-Regt. 9, Am Schießrain 7.
*148. Großkopf, Brauereidirektor, Schiltigheim, Bischweilerstraße 17.
*149. Grote, Frhr., Hauptmann, Maschinengew.-Abt. 3, Kirsteinstraße 3.
*150. Grotowsky, Oberleutnant, Inf.-Regt. 132, Strauß-Dürkheimstraße 3.
*151. Gründahl, Rentmeister, Franziskanergasse 1.
*152. Gümbel, Leutnant, Inf.-Regt. 143, Kaiser-Friedrich-Kaserne.
153. Gunzert, Bankdirektor, Murnerstraße 2.
*154. Gussone, Leo, Kaufmann, Pariserstaden 6.
*155. v. Habermaas, Oberst, Festungs-Inspekteur, Spachallee 12.
156. Habermehl, Ober-Postinspektor, Paul-Labandstaden 6 III.
*157. Hagemann, Leutnant, Hus.-Regt. 9, Poststraße 11.
*158. Hager, Hauptmann, Inf.-Regt. 105, Sebastian-Brantplatz 3.
159. Hähner, Direktor der Straßenbahngesellschaft, Vogesenstraße 20.
*160. Häser, Major, Inf.-Regt. 105, Kaiser Friedrichstraße 9.
*161. Hambruch, Generalvertreter der Krupp'schen Werke in Essen, Daniel-Hirtz-Straße 11
*162. Hammel, Kaufmann, Kronenburgerstraße 37.
163. Hänsler, Dr., prakt. Arzt, Kochstaden 5.
164. Happach, Prof., Dr., Oberlehrer, Schiltigheimerplatz 12.
165. Harbordt, Prof., Dr., Oberlehrer, Universitätsplatz 6.

166. Hausmann, Dr., Universitätssekretär, Geilerstraße 1.
*167. Heber, Leutnant, Inf.-Regt. 105, Manteuffelkaserne, Geb. I, St. 96.
168. Hecker, Dr., Medizinalrat, Spachallee 10.
*169. Heckert, Ober-Leutnant, Inf.-Regt. 143, Sternwartstraße 4.
170. Hedin, Sven v., Dr., Ehrenmitglied, Stockholm.
171. Heilmann, Oberleutnant, Inf.-Regt. 136, Vogesenstraße 44.
172. Heim, Hauptmann, Inf.-Regt. 132, Sleidanstraße 6.
*173. Heinrich, Verlagsbuchhändler, Lameystraße 5.
*174. Heitmann, Ober-Postinspektor, Vogesenstraße 26.
*175. Herf, Reg.- u. Forstrat, Schwarzwaldstraße 25.
*176. Hergesell, Dr., Universitätsprofessor, Geh. Reg.-Rat, Direktor des meteorolog. Instituts, Silbermannstraße 4.
*177. Hering, Postdirektor, Weißenburgerstraße 17.
*178. Hermann, Ministerialrat, Schiltigheim, Kirchfeldweg 9.
*179. Herold, Major, Fuß-Art.-Regt. 14, Schwarzwaldstraße 44.
180. Herrenschmidt, Kommerzienrat, Wacken 1.
*181. Herrfahrdt, Hauptmann z. D., Bezirksoffizier, Hohenlohestraße 20.
182. Hertel, Dr., Universitätsprofessor, Paul-Laband-Staden 4.
*183. Heuck, Major, Inf.-Regt. 136, Christoph-Heerstraße 5.
*184. Heusner, Referendar, Schwarzwaldstraße 65.
185. Hey, Professor an der Techn. Schule, Sternwartstraße 18.
*186. Heye, Oberstleutn., Inf.-Regt. 143, Ruprechtsauer Allee 32.
*187. Hinrichs, Adolf, Oberförster, Oberehnheim.
*188. Hoch, Oberstleutnant, Inf.-Regt. 105, Hotel Rotes Haus (vom 1. April ab: Sleidanstraße 28).
189. Hoff, C. E., Kaufmann, Blauwolkengasse 15.
*190. Hoffmann, Buchhändler, Hoher Steg 11.
191. Hofmeister, Dr., Universitätsprofessor, Wimpfelingstraße 2.
*192. Se. Durchlaucht Fürst zu Hohenlohe-Langenburg. Langenburg, Württemberg.
*193. Se. Durchlaucht Erbprinz zu Hohenlohe-Langenburg. Langenburg, Württemberg.
*194. Holderer, Oberamtmann, Kehl.
*195. Holnstein, Graf, Froeschweiler.
*196. Hommel, Fabrikdirektor, Lameystraße 16.
*197. Huber, Geh. Kommerzienrat, Kochstaden 4.
198. Huber, Justizrat, Rechtsanwalt, Judengasse 32.
199. v. Hügel, Frhr., Regierungsrat, Zornstaden 3.

200. Hüster, Geh. Baurat, Ehrmannstraße 1.
201. Ingenmey, M., Frau, Rentnerin, Sleidanstraße 7.
*202. Issleiber, Architekt, Nikolausring 5.
203. Ixenschmidt, Apotheker, Oberlinstraße 39.
*204. Jaehne, Stabsarzt, Dr., Inf.-Regt. 105, Schwarzwaldstraße 12.
*205. Jansen, Jul., Fabrikant, Gutleutgasse 10.
*206. Janssen, Rittmeister, Train-Batl. 15, Universitätsplatz. 5.
*207. Jeckel, Amtsgerichtsrat, Odilienstraße 1.
*208. Jerschke, W., Baumeister, Schwarzwaldstraße 42.
209. Jessen, Ernst, Dr. med., Professor, Broglieplatz 4.
210. Jessen, Wilh., Zahnarzt, Broglieplatz 4.
*211. Jorns, Kriegsgerichtsrat, Vogesenstraße 17.
*212. Jungk, Hedwig, Fräulein, Oberlinstraße 39.
*213. Kade, Oberst u. Bat.-Kommand., Ruprechtsauer Allee 26.
*214. Kauffmann, Kommerzienrat, Taulerstraße 27.
215. Keetman, Staatsanwalt, Fischartstraße 16.
216. Keller, Dr., Justizrat, Notar, Pioniergasse 7.
*217. Killinger, Geh. Reg.-Rat, Weißenburgerstraße 15.
218. Klähn, Dr., Prof., Oberlehrer, Kochstaden 6.
219. Klein, Dr., Univ.-Prof., Neukirchgasse 1—3.
*220. Kleinschmidt, Hauptmann, Bekleidungsamt, Christoph-Heerstraße 18.
*221. Klette, Leutnant, Inf.-Regt. 105, Oberlinstraße 38.
*222. Knapp, Dr., Universitätsprofessor, Schwarzwaldstraße 4.
223. Knorr, Kunstmaler, Schiltigheimerplatz 1.
*224. Koch, Hauptmann, Inf.-Regt. 136, Inselstraße 3.
225. Köbig, Institutsvorsteherin, Manteuffelstraße 14.
*226. Kopp, Oberleutnant, Inf.-Regt. 105, Lützelsteinerstraße 6.
227. Kraft, J. Kaufmann, Sleidanstraße 4.
228. Krause, Dr., Privatdozent, Oberlinstraße 32.
*229. Krieger, Reg.-Assessor, Schweighäuserstraße 7.
*230. Kritzler, Major, Bekleidungsamt, Apffelstraße 18.
231. Kröll, Dr., Prof., Geh. Sanitätsrat, Wenckerstraße 8.
*232. Kruttke, Fräulein, Schulvorsteherin, Am Waseneck 6.
*233. Kuhff, Aug., Weinhändler, Blauwolkengasse 6.
234. Kühn, Leutnant, Inf.-Regt. 105, Manteuffelkaserne, Geb. I, St. 70.
*235. Kühne, Hauptmann, Inf.-Regt. 136, Goethestraße 29.
236. Laband, Dr., Univ.-Prof., Staatsrat, Wirk. Geh. Rat, Exzellenz, Kaiser-Wilhelmstraße 17.

237. Lade, Oberkriegsgerichtsrat, Apffelstraße 3.
*238. v. Lagiewski, Mil.-Intend.-Rat, Apffelstraße 14.
*239. Lamarche, Kaufmann, Hohenlohestraße 2a.
*240. Lammers, H., Dipl.-Ingenieur, Dietrichstaden 1.
241. Lange, Rittmeister, Train-Bat. 15, Kaiser-Wilhelmstraße 21.
*242. Langenbeck, Dr., Prof., Oberlehrer, Kaiser-Friedrichstr. 24.
243. Laqueur, Dr., Universitätsprofessor, Taulerstraße 19.
244. Lasser, Dr., Prof., Generalarzt, Universitätsplatz 8.
*245. Lawaczek, Eisenbahn-Betriebsdirektor, Bahnhofsring 3 II.
246. Ledderhose, Frau Unterstaatssekretär, Kaiser-Wilhelmstraße 17.
247. Ledderhose, Dr., Univ.-Professor, Erwinstraße 1.
*248. Lellbach, Amtsrichter, Wenckerstraße 4.
*249. Lengnick, Hauptmann, Inf.-Regt. 105, Oberlinstraße 15.
*250. Lennig, Dr., Justizrat, Rechtsanwalt, Broglieplatz 20.
251. Leo, Generalleutnant z. D., Exz., Ehrenmitglied, Kassel.
252. Leuchtenberger, Dr., Ober-Stabsarzt, Fuß-Art.-Regt. 14, Universitätsplatz 11.
*253. Leuthaus, Kriegsgerichtsrat, Herderplatz 1.
254. Levy, Ernst, Dr., Univ.-Professor, Johannesstaden 10.
*255. Leykauf, Leutnant, Inf.-Regt. 105, Schiltigheimerplatz 10 II.
*256. v. Liebenstein, Frhr., Geh. Ob.-Reg.-Rat, Poststraße 10.
*257. Liebster, Hauptmann, Inf.-Regt. 105, Ruprechtsauer Allee 49.
*258. Limpert, Hauptmann, Inf.-Regt. 126, Strauß-Dürkheimstraße 4.
259. List, Postinspektor, Universitätsstraße 26/28.
260. Littmann, Dr., Universitätsprofessor, Schweighäuserstr. 24 I.
261. Loeffler, Major z. D., Bezirksoffizier, Twingerstraße 3.
262. Lohmüller, Hauptmann, Inf.-Regt. 132, Grandidierstraße 2.
263. Loos, Dr., Stabsarzt, An der Aar 11.
*264. Löwe, Direktor der Elektrizitätswerke, Lameystraße 4.
*265. v. Lösecke, Hauptmann, Inf.-Regt. 136, Manteuffelstraße 7.
266. Luthmer, Dr., Geh. Reg.- und Oberschulrat, Ohmachtstraße 3.
267. Machemehl, Postrat, Sleidanstraße 3.
*268. Madelung, Dr., Universitätsprofessor, Geh. Medizinalrat, Schillerstraße 9.
*269. Madlung, Hauptmann, Bekleidungsamt, Wimpfelingstraße 3.
*270. Maerker, Oberstleutnant z. D., Gen.-Kommando XV. A.-K., Wimpfelingstraße 7.

271. Manasse, Dr., Universitätsprofessor, Herderstraße 2.
272. Marckwald, Dr., Prof., Bibliothekar, Herderstraße 36.
273. Marum, Kaufmann, Vogesenstraße 87.
*274. May, Hauptmann, Inf.-Regt. 126, Manteuffelstraße 43.
275. Medicus, Dr., Justizrat, Oberkriegsgerichtsrat, Ruprechtsauer Allee 22.
276. Meinshausen, Dr., Assistent am anatom. Institut, Anatomiegebäude.
277. Menger, Oberleutnant, Inf.-Regt. 172, Vogesenstraße 40.
278. Metzenthin, Dr., Sanitätsrat, Sebastian-Brantplatz 8.
279. Meyer, E., Dr., Universitätsprofessor, Geilerstraße 14.
280. Moritz, Dr., Geheimrat, Universitätsprofessor, Zornstaden 4.
*281. Mosche, Hauptmann, Inf.-Regt. 132, Sternwartstraße 15.
*282. v. Mossner, Exz., General d. Kaval. z. D., Nikolausring 41.
283. Müller, Wwe., Frau Hauptmann, Ludwigshafenerstraße 8.
*284. Müller, Regierungsbaumeister a. D., Schwarzwaldstraße 48.
285. Müller, Dipl.-Ingenieur, Züricherstraße 4.
*286. Nagel, Leutnant, Inf.-Reg. 136, Manteuffelkaserne Geb. III, St. 85/86.
*287. Naumann, Oberleutnant, Inf.-Regt. 136, Vogesenstraße 3.
*288. Neddermann, Kaufmann, Kommerzienrat, Kleberplatz 5.
*289. Neddermann, Rud., jr., Kaufmann, Vogesenstraße 10.
290. Neumann, Ober-Postinspektor, Strauß-Dürkheimstraße 51.
*291. Neumann, Dr., Universitätsprofessor, Am Waseneck 4.
292. Neumann, Geh. Reg.-Rat, Schiltigheimerplatz 11.
*293. Nicolai, Oberleutnant, Inf.-Regt. 105, Möllerstraße 23.
294. Nobis, Dr., Regierungsrat, Twingerstraße 19.
*295. Nüssler, Leutnant, Train-Batl. 15, Lessingstraße 29.
*296. Obermann, Oberleutnant, Inf.-Regt. 136, Steinwallstr. 10.
*297. Offermann, Dr., Geh. Reg.-Rat, Paul-Labandstaden 14.
*298. Ohlrogge, Postrat, Möllerstraße 17.
299. Oppenheimer, Dr., Gerichtsassessor, Möllerstraße 9.
*300. Oppermann, Hauptmann, Inf.-Regt. 105, Inselstraße 8ª.
*301. Orff, Oberst, Kommandeur des Train-Batl. 15, Apffelstr. 16.
302. Osterloff, Architekt u. Bauunternehmer, Lützelsteinerstraße 7.
*303. Ostermann, Major, Art.-Werkstatt, Zeughausgasse 6.
*304. Paasch, Major, Fuß-Art.-Regt. 14, Fischartstraße 24 II.
305. Pauli, Dr., Geh. Oberjustizrat, Landesgerichtspräsident a. D., Zornstaden 4.

306. Pauli, Staatsanwalt, Waseneck 2.
*307. Paulus, Dr., Divisionspfarrer, Schwarzwaldstraße 21.
308. Pawolleck, Dr., Geheimrat, Sternwartstraße 12.
*309. Payne, Hauptmann a. D., Odilienstraße 1.
310. Petri, Dr., Unterstaatssekretär, Wirkl. Geh. Rat. Exz., Münstergasse 1.
*311. Petzold, Dr., Stabsarzt, Inf.-Regt. 105, Schwarzwaldstr. 44.
312. Pfister, A., Kaufmann, Gewerbslauben 10.
313. Pflügel, Carl, Ingenieur am Elektrizitätswerk, Julianstr. 15.
*314. Piehl, Leutnant, Inf.-Regt. 105, Vogesenstraße 33.
*315. v. Pilgrim, Major, Inf.-Regt. 172, Schiltigheimerplatz 11.
*316. Plieninger, Hauptmann, Pionier-Batl. 19, Sleidanstraße 13.
*317. Pochhammer, Oberleutnant, Hus.-Regt. 9, Schwarzwaldstraße 24.
*318. Pöhlmann, Bezirkspräsident, Kochstaden 1.
*319. Poplawski, Reichsbankdirektor, Broglieplatz 5.
*320. Praefcke, Major, Adj. d. 30. Div., Universitätsplatz 5.
321. Preisigke, Dr., Telegraphendirektor, Hohenlohestraße.
322. Priess, Kaufmann, Schlauchgasse 2.
323. Quander, Hauptmann, Inf.-Regt. 132, Mauritiusstraße 5.
*324. Rathgen, Exz., Generalleutnant z. D., Nikolausring 1.
*325. Ratzel, Hauptmann, Bekleidungsamt, Arnoldsplatz 5.
326. Redemeyer, Leutnant, Fuß-Art.-Regt. 10, Oberlinstraße 30.
327. Rehm, Dr., Universitätsprofessor, Hohenlohestraße 22.
328. Reimer, Frau Regierungsrat, Goethestraße.
329. Reißland, Postdirektor, Hauptpostamt.
330. Reitzenstein, Dr., Universitätsprofessor, Herderstraße 27.
331. Renner, Leutnant, Inf.-Regt. 105, Roseneck 6.
*332. Retzlaff, Hauptmann, Pionier-Batl. 15, Herderstraße 30
333. Rhode, Ober-Baurat, Bahnhofring 3.
334. Richter, Major, Inf.-Regt. 105, Fridolinstraße 7.
*335. Richter, Leutnant, Inf.-Regt. 136, Manteuffelkaserne, Geb. II, 26/27.
*336. Ries, Dr., Professor, Oberlehrer, Schiltigheimerring 3.
*337. Roch, Oberleutnant, Inf.-Regt. 105, Mauritiusstraße 3.
*338. Roeder, Oberst, Inf.-Regt. 136, Schweighäuserstraße 25.
*339. Römer, Dr., Universitätsprofessor, Universitätsplatz 1.
*340. v. Römer, Oberleutnant, Inf.-Regt. 105, Oberlinstraße 39.
341. Römmler, Oberleutnant, Inf.-Regt. 105, Steinwallstraße 72.
*342. Roos, Siegmund, Holzhändler, Schweighäuserstraße 17.

*343. Roos, Albert, Holzhändler, Goethestraße 13.
344. Rosenfeld, Dr., Professor, Schwarzwaldstraße 3.
*345. Roth, Dr., Generaloberarzt, Gr. Spittelgartenweg 3.
*346. Rothe, Oberst, Bekleidungs-Amt, Vendenheimerstraße 7.
*347. Rothfuss, Bauunternehmer, Steinwallstraße 44.
*348. Rudolph, Dr., Universitätsprofessor, Sleidanstraße 3.
349. Rützou, Otto, Landmesser, Manteuffelstraße 1.
*350. Salzer, Major, Feld-Art.-Regt. 51, Lessingstraße 43.
*351. Sander, Hauptmann, Inf.-Regt. 143, Dorlisheim, Hintergasse.
*352. Sapper, Dr., Universitätsprofessor, Herderstraße 28 II.
353. Sator, Kriegsgerichtsrat, Herderstraße 32.
*354. Schäfer, Leutnant, Hus.-Regt. 9, Goethestraße 21.
*355. v. Schaefer, Generalleutnant, Exz., Spachallee 7.
356. Schaer, Dr., Universitätsprofessor, Silbermannstraße 1.
*357. Schaller, Geh. Kommerzienrat, Präsident der Handelskammer, Münstergasse 1.
*358. Schantz, Leutnant, Fuß.-Art.-Regt. 14, Rosheimerstraße 24.
359. Scheid, Ministerialrat, Schwarzwaldstraße 38.
360. Scherdlin, H., Pyrotechniker, Kochstaden 6.
361. Scherer, Bergmeister, Herderstraße 14.
362. Scheuermann, Geh. Rechnungsrat, Brandgasse 19.
363. Scheuffele, Reg.- u. Baurat, Vogesenstraße 43.
*364. Schickert, Dr., Generalarzt a. D., Goethestraße 39.
*365. Schimpf, Oberstleutnant, Inf.-Regt. 126, Oberlinstraße 11.
366. Schlemmer, Dr., Geh. Regierungs- und Oberschulrat, Strauß-Dürkheimstraße 5.
*367. Schlesinger, Prof. Dr., prakt. Arzt, Privatdozent, Goethestraße 1.
*368. Schmiedeberg, Dr., Universitätsprofessor, Züricherstraße 4.
*369. Schmidt, Wirkl. Geh. Oberregierungsrat, Präsident der Generaldirektion d. Eisenbahnen in Els.-L., Bahnhofpl.
*370. Schmidt, Exz., Generalleutnant z. D., Ruprechtsau, Karpfenweg 6.
371. Schmidt, Dr., phil., Sleidanstraße 25.
*372. Schoeller, Leutnant, Hus.-Regt. 9, Hermannstraße 5.
*373. Scholl, Hauptmann, Inf.-Regt. 105, Schweighäuserstraße 24.
*374. Schorcht, Hauptmann, Inf.-Regt. 132, Sternwartstraße 11.
*375. v. Schrader, Major, Feldart.-Regt. 15, Ehrmannstraße 3.
376. Schradin, Major, Fußart.-Regt. 10, Arnoldplatz 3.
377. Schramm, Postrat, Lützelsteinerstraße 7.

378. Schröder, Th., Professor, Dr., Oberlehrer, Illwallstraße 20.
*379. Schubert, Generalmajor, Sternwartstraße 12.
*380. Schultz, Oberleutnant, Feldart.-Regt. 51, K. z. Kriegsakademie in Berlin.
*381. Schultze-Klosterfelde, Oberst z. D., Bezirkskommandeur, Lenôtrestraße 4.
*382. Schulz, Dr., Oberstabsarzt, Inf.-Regt. 105, Kaiser-Wilhelmstraße 3.
383. Schumann, Dr., Prof., Oberlehrer, Schiltigheimerring 5 III.
*384. Schumburg, Dr., Prof., Generaloberarzt, Kaiser-Friedrichstraße 11.
*385. Schurig, Leutnant, Inf.-Regt. 105, Am Waseneck 4.
*386. Schwab, Hauptmann u. Komp.-Chef, Inf.-Regt. 126, Bischof-Wernerstraße 2.
*387. Schwalbe, Dr., Universitätsprofessor, Schwarzwaldstraße 39.
*388. Schwander, Dr., Bürgermeister, Brandgasse 9.
*389. v. Seebach, Geh. Kriegsrat, Allerheiligengasse 10.
*390. Seer, Hauptmann, Fuß-Art.-Regt. 14, Wimpfelingstraße 28 I.
*391. v. Seidlitz, Dr., Privatdozent, Ruprechtsauer Allee 11.
*392. v. Sichart, Oberleutnant 105. Inf.-Regt., Ohmachtstraße 1 pt.
*393. Siebel, Hauptmann, Adjut. d. 3. Ingenieur-Inspektion. Vogesenstraße 3.
394. Siebler-Ferry, Kaufmann, Spießgasse 2.
395. Siegle, Adolf, Fabrikant, Fischartstraße 22.
396. Simon, Dr., Universitätsprofessor, Oberlehrer, Schiffmattweg 10.
397. v. Skopnick, Geh. Reg.-Rat, Wimpfelingstraße 23.
398. Smend, Dr., Universitätsprofessor, Ruprechtsauer Allee 14.
399. Smits, Dr., Generaloberarzt a. D., Schreiberstubgasse 2.
*400. Sondheimer, Kaufmann, Große Renngasse 44.
*401. Spangenberg, Stabsarzt, Kehl, Hauptstraße 238.
402. Speyer, Peter, Kaufmann, Ludwigshafenerstraße 2.
*403. Spiegelberg, Dr., Universitätsprofessor, Twingerstraße 16.
404. Spiess, Dr., Generalarzt a. D., Thomasstaden 6.
405. Spiro, Dr., Universitätsprofessor, Stöberstraße 16.
*406. Stage, Geh. Reg.-Rat, Kochstaden 5.
*407. Stark, Major, Fortifikation, Jakob Sturm-Staden 7[a].
*408. Stechow, Dr., Generalarzt, Ruprechtsauerallee 24.
409. Stehle, Dr., Reg.- und Schulrat, Ohmachtstraße 3.
410. Steffen, B., Rechnungsrat, Hohenlohestraße 26.

*411. Stein, Gust., Kaufmann, Kaiser-Wilhelmstraße 6.
*412. Stemmermann, E., Leutnant, Fuß-Art.-Regt. 14, Türkhemstaden 5.
*413. Stever, Leutnant, Inf.-Regt. 105, Manteuffelkaserne.
*414. v. Stichaner, Frau Bezirkspräsidenten-Witwe, Hohenloestraße 4.
*415. Stilling, Dr., Universitätsprofessor, Murnerstraße 1.
416. Stoeckicht, Baurat, Schiltigheimerring 13.
*417. Stoll, Otto, Assistent am Meteorolog. Institut, Illtorstaden.
*418. Stolberg, Dr., Privatgelehrter, Möllerstraße 9.
*419. Stolzenburg, Oberst u. Brig.-Kommandeur, Ludwigshafenerstraße 14.
420. Stromeyer, Schatzmeister der Handelskammer, Kaufhausgasse 1—3.
421. Stürmer, Frl., Oberlehrerin, Roseneck 7.
422. Suffert, Hauptmann, Pionier-Bat. 15, Schimperstraße 1.
*423. Talke, Leutnant, Train-Batl. 15, Mannheimerstraße 10
424. Tauber, Dr., Privatgelehrter, Ruprechtsauer Allee 32.
*125. Teike, Prof., Oberlehrer, Universitätsstraße 26.
*426. v. Tettau, Leutnant, Inf.-Regt. 105, Nikolauskaserne St. 83.
*427. Thedieck, Leutnant, Inf.-Regt. 132, Ludwigshafenerstr. 24.
*428. Thiele, Dr., Univ.-Professor, Goethestraße, Chem. Institut.
*429. Thilo, Oberpostinspektor, Ruprechtsauer Allee 54.
430. Thumb, Dr., Universitätsprofessor, Universitätsstraße 28.
*431. Tiling, Hauptmann, Fortifikation, Sternwartstraße 11.
*432. Tischbein, Oberst z. D., Wenckerstraße 3.
*433. Tobias, A., Baumeister u. Bauunternehmer, Steinwallstr. 42.
*434. Tobias, Oberleutnant, Inf.-Regt. 126, Wasselnheimerstr 5.
435. v. Traut, Ministerialdirektor, Kleberstaden 10.
*436. Trübner, Karl J., Verlagsbuchhandlung, Münsterplatz.
*437. v. Tschammer u. Osten, Leutnant, Inf.-Regt. 105, Manteufelkaserne Geb. I, St. 93.
438. v. Tuhr, Dr., Univ.-Professor, Ruprechtsauer Allee 64
439. v. Ulmenstein, Frhr., Rittmeister, Train-Batl. 15, Schwarzwaldstr. 69.
*440. Vallentin, Missionsprokurator, Königshofen, Kapuzinerkloster.
*441. Vehse, Leutnant, Inf.-Regt. 105, Manteuffelkas. Geb. I, St. 68.
*442. Waenker v. Dankenschweil, Exz., Generalleutnant z. D.
*443. Wagner, Oberstleutnant z. D., Arnoldplatz 5.

*444. Wagner, Carl, Fabrikant, Weißturmring 9.
*445. Wagner, Major, Inf.-Regt. 105, Oberlinstraße 31.
446. Wagner, Postinspektor, Vogesenstraße 53.
*447. Walbaum, Hauptmann, Inf.-Regt. 105, Odilienstraße 7.
*448. Waldschmidt, Leutnant, Feld-Art. 15, Arnoldplatz 3.
*449. Walewski, Major, Bekleidungsamt, Universitätsstraße 26.
*450. v. Waltershausen, Frhr., Dr., Univ.-Professor, Orangeriering 23.
*451. Wandesleben, Oberleutnant, Adjutant der 5. Festungs-Inspektion, Mannheimerstraße 15.
*452. Wangemann, Leutnant, Inf.-Regt. 105, Lessingstraße 39.
*453. Weber, Postrat, Sleidanstraße 25.
454. Weber, Dr., Univ.-Professor, Taulerstraße 33.
*455. Weber, Buchhändler, Heinrich'sche Buchhandlung, Goethestraße 21.
*456. v. Wedel, Graf, Exz., Kaiserlicher Statthalter in Elsaß-Lothringen, Brandgasse.
457. Wehmann, Dr., Professor, Oberlehrer, Vogesenstraße 8.
458. Weigand, Dr., Professor, Oberlehrer, Schießrain 7.
459. Weidenreich, Dr., Univ.-Professor, Vogesenstraße 19.
460. Weill, Dr., prakt. Arzt, Langestraße 136.
461. Werner, Kataster-Inspektor, Kölnerring 3.
*462. Wernicke, Maler, Schweighäuserstraße 12.
*463. Westphal, Leutnant, Fuß-Art.-Regt. 10, Specklinstraße 6a.
*464. Wetzel, Hauptmann, Inf.-Regt. 132, Silbermannstraße 14.
*465. Wigand, Dr., Univ.-Prof., Geh. Archivrat, Fischartstr. 11.
*466. v. Wildemann, Hauptmann, Adj. beim Gouv., Schimperstraße 9.
467. Wilfarth, Hauptmann, Train-Depot, Nikolausring 26.
468. Winkelmann, Dr., Städt. Archivdirektor, Nikolausring 5.
*469. Wittich, Hauptmann, Inf.-Regt. 105, Kaiser-Friedrichstr. 24.
470. Wittmer, Kaufmann, Jacob-Sturmstaden 6.
471. Wolf, P., Regierungsrat, Kaiser-Friedrichstraße 9.
*472. Wolff, Carl, Kaufmann, Broglieplatz 3.
473. Wolfram, Dr., Prof., Geh. Reg.-Rat, Direktor der Univ.- u. Landesbibliothek, Spachallee 1.
474. Wollenberg, Dr., Univ.-Prof., Kaiser-Friedrichstraße 19a II.
475. Wormser, Jul., Frau, Ruprechtsauer Allee 12.
476. Wulff, Regierungsrat, Ohmachtstraße 5 I.
*477. Wulff, Hauptmann, Feldart.-Reg. 51, Schwarzwaldstraße 30.

478. Wunder, Justizrat, Notar, Bischheim.
*479. Wunderlich, Leutnant, Inf.-Regt. 132, Geilerstraße 54.
*480. Würtz, Dr., prakt. Arzt, Kaiser-Friedrichstraße 10.
*481. Wüstefeld, Leutnant, Train-Batl. 15, Mannheimerstraße 15.
*482. Zennig, Major u. Verkehrsoffizier v. Platz, Ruprechtsauer Allee 60.
*483. Zeumer, Leutnant, Inf.-Regt. 105, Schleusenkaserne, St. 41[a].
*484. v. Ziegesar, Frhr., Major beim Stab, Inf.-Regt. 126, Sleidanstraße 28.
485. Zirkler, Reg.- u. Baurat, Schwarzwaldstraße 2 I.
486. Zorn v. Bulach, Frhr., Wirkl. Geh.-Rat, Exz., Staatssekretär, Kleberstaden 9.
*487. Zschiedrich, Oberleutnant, Inf.-Regt. 105, Ludwigshafenerstraße 17.

FSC
www.fsc.org
MIX
Papier | Fördert
gute Waldnutzung
FSC® C083411

Zeitfracht Medien GmbH
Ferdinand-Jühlke-Straße 7
99095 Erfurt, Deutschland
produktsicherheit@kolibri360.de